はじめに

２０００年に第一次男女共同参画基本計画が策定されてから約20年が経過し、組織への女性参画がもたらす効果は当時と比べて広く世間に知られるようになりました。

農業分野における女性参画の指標としては、農業委員における女性の割合が農協の理事等とともに取り上げられています。農業委員会ネットワーク組織としても、農業委員への女性登用に向けた取り組みを継続してきました。２０００年にはわずか1・8%だった農業委員における女性の割合は、２０２１年には12・4%まで上昇しました。このことは、女性登用にご尽力いただいた農業委員会関係者の皆様、そしてなにより現場で活躍されている女性委員の皆様の活動の賜物です。

本書は、農業分野における男女共同参画に向けた施策やその成果を、各地の事例とあわせて検証・検討したものです。女性登用に向けた取り組みの進展や、既に地域で活躍されている女性委員の活動の一助となれば幸いです。

余談ではありますが、本書の刊行直前となる２０２３年6月に、栃木県日光市においてＧ７男女共同参画担当大臣会合が開催されました。２０１７年イタリアにおいて初回が開催され、今回は5回目となります。会議の中では男女間の賃金格差とともに、性別に基づく役割分担意識などの変革の必要性も取り上げられました。

農業の現場やその関係組織においても、役割分担意識は未だ強く残っていると言わざるを得ません。そのような中で農業委員会活動に取り組んでこられた女性委員の皆様に敬意を表するとともに、委員の皆様が性別に関係なく活躍できる社会になることを願って本書を刊行いたします。

２０２３年7月

全国農業委員会ネットワーク機構
一般社団法人　全国農業会議所

目次

第3章　女性農業者をめぐる変化と課題
～農業委員会の公共性と女性の参画～

日本大学生物資源科学部　教授　川手督也

第4章　女性農業者の活躍と課題
～支援者としての農業委員会の役割に期待～

滋賀大学環境総合研究センター　客員研究員　柏尾珠紀

第1章

第5次男女共同参画基本計画の策定と今後の課題

～農山漁村女性施策を中心に～

福島大学行政政策学類　教授

岩崎 由美子

1 はじめに

「社会のあらゆる分野における男女共同参画の取組みを総合的に推進すること」を目的とした男女共同参画社会基本法（以下、適宜「基本法」とする）の施行（１９９９年）から、20年が経過した。基本法第13条では、「男女共同参画社会の形成の促進に関する基本的な計画」である男女共同参画基本計画（以下、適宜「基本計画」とする）の策定を国と都道府県に義務づけている（市町村は努力義務）。基本計画は5年ごとに改訂され、２０２０年12月には第5次男女共同参画基本計画が閣議決定された。

計画化によりジェンダー平等政策推進を図る手法は、１９７５年の「国際婦人年」を経て第１回世界女性会議（メキシコ）で採択された「世界行動計画」を契機とする。国内では、それに対応した「国内行動計画」（１９７７年）以降、何度か計画が策定されてきたが、男女共同参画社会基本法によって法定計画となった。

西暦２０２０年という年は、「指導的地位に女性が占める割合を少なくとも30％程度とする」という目標の最終年である。この目標は、２００３年に男女共同参画推進本部で決定され、２００５年に閣議決定された第２次基本計画に盛り込まれたものであるが、結局２０２０年になっても達成できず、第５次計画では、「20年代の可能な限り早期に30％程度」にすると期限が先送りされた。また、諸外国で政治分野での女性進出に確実に効果をあげてきたクオータ制の導入は、政党に「自主的な取り組みの実施を要請」との表記にとどまり、さらに、焦点とされていた選択的夫婦別姓は、自民党の反対派の主張を受け「夫婦別姓」という文言自体を削除するなど、当初案から後退した表現となった。

本稿では、農山漁村の女性施策に焦点を当て、男女共同参画基本計画における位置づけがどのように変化していったかを概観したうえで、この20年で基本法が描く理念や目的にどれだけ近づけることができたのか、その実効性に関する検証と今後の課題について検討したい。

基本計画における農山漁村分野の女性施策の推移

① 二元的計画による政策推進

はじめに、基本計画以前の農政における女性施策の歴史について見ておきたい。戦後の生活改善事業から始まる農村女性施策は、1990年代初頭のグローバル農政期に大きく展開する。1991年の「新国内行動計画（第一次改定）」において、農山漁村女性に関する規定が盛り込まれ、1992年、農水省初の女性行動計画である「2001年に向けて 新しい農山漁村の女性（農山漁村の女性に関する中長期ビジョン懇談会報告書）」（以下、適宜「中長期ビジョン」とする）が発表された。本ビジョンでは、「経済合理性のみに支配されない『生活の視点』」の重要性が指摘され、女性が能力を発揮する上では、そのベースとして男性が女性とともに積極的に参画する「農山漁村型ライフスタイル」を確立する必要があること、また、目指す姿として「自分の生き方を自由に選択し、自分の人生を自身で設計し、その結果、自信と充実感をもって暮らしている」女性像が掲げられた。そして、2001年を目標年として、「あらゆる場における意識と行動の変革」、「経済的地位の向上と就業条件・就業環境の整備」、「女性が住みやすく活動しやすい環境づくり」、「能力の向上と多様な能力開発システムの整備」、「『ビジョン』を受け止め実行できる体制の整備」の5つの課題と方策が提言された。

一方、中長期ビジョンと同年の1992年、農水省は「新しい食料・農業・農村政策の方向（新政策）」を公表した。「経営感覚に優れた効率的・安定的な経営体が生産の大宗を担う農業構造」に向け、認定農業者制度をはじめとした市場原理・競争条件の一層の導入を図る政策体系への転換が謳われた。新政策では、「経営体の育成と農地の効率的な利用」の項目の一つとして、「女性の役割の明確化」が明記され、「女性の『個』としての地位の向上を図り、農業生産・農村活性化の担い手としての女性の能力発揮のための条件整備」が位置づけられた。すなわち、女性を「個」として経営参画させ、「補助的な家族労働力」から「主体的な職業人」へと育成することで、「家業としての農業」から「経営としての農業」へ発展させることが目指され、農業経営の発展・改善に果たす女性能力の活用という方向性がここで打ち出されることとなる。

その新政策を基礎として策定された食料・農業・農村基本法（1999年）では、第26条で「女性の参画の促進」が規定され、「国は、男女が社会の対等な構成員としてあらゆる活動に参画する機会を確保することが重要であることにかんがみ、女性の農業経営における役割を適正に評価するとともに、女性が自らの意思によって農業経営及びこれに関連する活動に参画する機会を確保するための環境整備を推進するものとする。」とされた。

以来、農山漁村分野の女性施策は、男女の人権尊重という「人権原理」を中核にもつ「男女共同参画基本計画」と、「産業原理」を基本とする「食料・農業・農村基本計画」[注1]という二元的計画により展開されており、5年ごとの見直し作業も連動する形で行われている。

② 男女共同参画基本計画における農山漁村女性施策の推移

i 第1次男女共同参画基本計画（計画期間2000～2004年）

第1次計画では、第2部「施策の基本的方向と具体的施策」の一分野として「4．農山漁村における男女共同参画の確立」が位置づけられた。施策の基本的方向としては、ⅰあらゆる場における意識と行動の変革、ⅱ政策・方針決定過程への女性の参画の拡大、ⅲ女性の経済的地位の向上と就業条件・環境の整備、ⅳ女性が住みやすく活動しやすい環境づくり、ⅴ高齢者が安心して活動し、暮らせる条件の整備の5点が掲げられた。

ii　第2次男女共同参画基本計画（2005〜2009年）

　第2次計画では、「活力ある農山漁村の実現に向けた男女共同参画の確立」と題され、「やる気と能力のある自立的な農林漁業経営への支援の重点化、我が国農林水産物の海外への輸出など『攻め』の農政への転換を図り、我が国の農林水産業・農山漁村を再生するにあたっては、（中略）農山漁村の女性の参画が不可欠である」とされた。この時期は、2001年に成立した小泉政権のもと『食』と『農』の再生プラン」（2002年）が策定され、「消費者に軸足を移した農林水産行政」の推進が謳われた。農業構造改革の一環として、農業生産法人の一形態として株式会社を位置づけた農地法の改正（2000年）、農業生産法人以外の法人のリース方式での農業参入を可能とした構造改革特別区域法の制定（2002年）、さらにリース方式による農業参入の全国展開を可能にした農業経営基盤強化促進法の改正（2005年）等の規制緩和が矢継ぎ早になされた時期でもある。

　以上の農政の動向を反映し、男女共同参画基本計画においても、「攻めの農政」に向けた女性農業者の能力の活用という視点が盛り込まれたのが特徴的な点である。

iii　第3次男女共同参画基本計画（2010〜2014年）

　この時期は、2009年に政権交代を果たした民主党政権により、戸別所得補償制度の導入、消費者が求める「品質」と「安全・安心」のニーズに適った生産体制への転換、6次産業化による活力ある農山漁村の再生が掲げられ、2010年には「6次産業化・地産地消法」（地域資源を活用した農林漁業者等による新事業の創出等及び地域の農林水産物の利用促進に関する法律）が成立した。

　第3次計画の「基本的考え方」では、「我が国の農林水産業・農山漁村を再生させるためには、地域ビジネスの展開や新産業の創出を図る農山漁村の『6次産業化』を推進することが必要」であるとし、その際には、「消費者のニーズや食の安全に関心が高く、農産物の加工、販売等の起業活動などで活躍の場を広げ、農山漁村地域社会の維持・振興に貢献している女性の参画が不可欠である」として、6次産業化の推進に焦点を当てて女性の参画の必要性を述べている。

また、第3次計画からは、実効性のあるアクション・プランとするため、それぞれの重点分野に『成果目標』を設定しており、①農業委員会、農業協同組合における女性が登用されていない組織数をゼロとすること、②家族経営協定の締結数を4万件（2007年）から2020年には7万件とする目標値が掲げられた。

ⅳ　第4次男女共同参画計画（2015～2019年）

2012年12月の衆院選で民主党が大敗し、第二次安倍政権が発足した。官邸主導の農政に大きく転換し、輸出拡大の強化や経営所得安定対策、農地中間管理機構の設置、農協改革や農業委員会改革等が実施された。2013年12月には、「農林水産業・地域の活力創造プラン」が策定され、新需要の拡大や高付加価値化により、農業・農村の所得を今後10年間で倍増するとされた。

この時期の女性政策は、「男女共同参画」に代わって「女性活用」や「女性活躍」といったスローガンが提唱され、女性の登用は経済成長を目標とするアベノミクスにおける成長戦略の手段として位置づけられた。2015年には、女性活躍推進法（女性の職業生活における活躍の推進に関する法律）が成立した。

他方、第4次男女共同参画基本計画では、これまで独立した施策分野として設けられていた「農山漁村」が「地域・防災・環境等」の中の「地域・環境」と一つにまとめられ、第4分野として「地域・農山漁村、環境分野における男女共同参画の推進」とされた。ここにおいて、基本計画における農山漁村の位置づけが縮小再編されたことになる。

計画の「基本的考え方」では、「農山漁村においては、基幹的農業従事者の約4割を女性が占めており、また、6次産業化の進展に伴い、女性の役割の重要性がますます高まっているが、農林水産業経営における女性の参画状況はいまだ十分ではない」とし、「農業委員会の委員、農業協同組合、森林組合、漁業協同組合等の役員等への女性登用の一層の拡大を始めとした農山漁村における女性の政策・方針決定過程への参画拡大を促進する」とされた。また、「女性が男性の対等なパートナーとして経営等に参画できるようにするため、家族経営協定の普及や有効な活用を含め、女性の経営上の位置付けの明確化や経済的地位の向上のために必要な取組を推進する」としている。

地域農業の方針策定への参画の成果目標としては、家族経営協定の締結数のほか、農業委員に占める女性の割合（2020年度30％）、JAの役員に占める女性の割合（2020年度15％）等が盛り込まれた。「農業協同組合法等の一部を改正する等の法律」（2015年）で、年齢及び性別に著しい偏りが生じないように配慮しなければならない旨の規定が置かれたことも踏まえ、女性の参画拡大に向けた取組をより一層促進するとされている。さらに、「人・農地プラン」策定への女性農業者の参画の義務づけ、集落営農組織や土地改良区における意思決定過程への女性の参画拡大に向けた取組の促進、「農業女子プロジェクト」活動の拡大、家族経営協定の締結、法人化の促進、法人経営における女性の経営参画拡大に向けた取組等も掲げられた。

この頃から若手女性農業者の減少問題への危機意識が高まり、女性を農業に引き留め、農業を魅力的な産業として発信していくことが重要課題とされた。「農業女子プロジェクト」は、広告代理店から農水省に出向していた女性の発案によるものであり、女性農業者が企業と連携しながら新たな商品開発を行い、魅力の発信を行っていくことで、若手女性の人材確保を図ることを目的としている。

v　第5次男女共同参画計画（2020〜2024年）

最新の計画となる第5次基本計画では、第2部「政策編」の「I　あらゆる分野における女性の参画拡大」の「第3分野地域における男女共同参画の推進」の中に、「1地方創生のために重要な女性の活躍推進」、「2農林水産業における男女共同参画の推進」、「3地域活動における男女共同参画の推進」と並んで位置づけられた。また、第4次計画までは、「農山漁村の男女共同参画」とされていたが、第5次では、「農林水産業における男女共同参画」という表現に変更された。これは、基本計画策定の地域WGでの議論において、ある地方自治体の構成員から、「地方における男女共同参画の推進においては、より多くの女性が暮らす地方都市の視点を入れるべき」との意見が出されたことによる。このことは、地方自治体の女性政策担当部局においても、農林漁業就業人口の減少を背景に農山漁村への関心が弱まっていることを端的に示している。過疎地域のみならず地方都市でも人口減少が著しい現状をふまえ、とくに若年女性の減少に対し危機感をもつ意見が出され、新たに「10代~20代女性の人口に対する転出超過数の割合」の成果目標が設けられた。

第5次計画の「2農林水産業における男女共同参画の推進」の施策の基本的方向としては、以下の4点が挙げられている。

「・国民生活に必要な食料を供給する機能とともに、国土保全等の多面的機能を有する農林水産業を支え、また発展させていく上で、女性は重要な役割を果たしている。しかしながら、農林水産業の就業者数が減少し続ける中で、例えば、基幹的農業従事者に占める女性の割合は低下傾向にある。都市部への女性の流出が続き、農山漁村への還流・流入は少ない。・農林水産業の発展、農山漁村への人材の呼び込みのためには、女性が働きやすく暮らしやすい農山漁村にすることが重要であり、女性が地域の方針策定に参画し、女性の声を反映させていくことが必要である。・『田園回帰』の動きが見られる中で、移住や定住、地域おこし協力隊などで農林水産業や農山漁村との関わりを志向する都市部の女性が増えている。例えば、農業においては、親元就農や結婚とともに就農するだけでなく、雇用就農や新規参入もみられるなど、女性の農林水産業への関わり方は多様化しており、それぞれの形態に応じたきめ細かな支援が必要である。・このため、『食料・農業・農村基本計画』等に基づき、女性の経営への参画を推進するとともに、地域をリードする女性農林水産業者を育成し、農山漁村に関する方針決定への女性の参画を推進する。また、女性が働きやすい環境の整備や育児・介護等の負担の軽減、固定的な性別役割分担意識とこうした意識に基づく行動の変革に向けた取組を推進する。」

　成果目標としては、農業委員に占める女性の割合、農業協同組合の役員に占める女性の割合、家族経営協定締結数に加え、新たに、土地改良区の理事への女性割合と認定農業者数の女性割合を増加させる目標が設定された。

　土地改良区の組合員は、土地改良法上のいわゆる三条資格者として土地の所有者または耕作者とされており、理事等は組合員の中から選出されることから、必然的に男性によって長く独占されてきた。近年では、一部の土地改良区で女性部創設等の動きがみられるものの、女性理事が登用されていない組織（２０１６年）は３９００団体のうち３７３７団体にのぼり、理事に占める女性の割合は０・６％にとどまる。第５次計画では、２０２５年までに女性理事ゼロの組織をなくし、女性割合を10・０％にまで高めるという目標値が設定された。農村環境保全や地域活性化に果たす女性の役割を評価し、土地改良区の員外役員制度の活用等によって女性理事の登用に道を開いていく必要がある。

　また、認定農業者に占める女性割合は、１９９９年から２０１９年の20年間で１・６％から４・８％へと上昇しているが、第５次計画では、さらに５・５％という目標値（２０２５年）が掲げられた。女性が夫等と経営をともに担っていれば共同経営者であり、単独で経営を担っていれば経営主であるが、世帯を単位とした農業経営においては、女性はきわめて「見えにくい」立場に置かれる。その実態を明示化し、農業者として社会的な承認と支援を受ける上でも認定農業者制度を活用する意味は大きい。女性単独で経営改善計画を申請する認定農業者に加え、夫婦等共同で申請する認定農業者を含めてさらに増やしていくことが求められている。

3 基本計画20年間の評価と課題

基本法・基本計画が制定・策定された20年の経過の中で、農山漁村分野の男女共同参画は、女性農業者のネットワークや関係機関の努力により徐々に成果を上げてきた。例えば、農業委員とJAの役員の女性割合の推移をみても、1990年代は双方とも1%に満たない水準であったが、2019年には、前者は12・1%へ、後者は8・4%と増加している。

とはいえ、基本計画が目指す姿にはいまだ道半ばといった状況である。これは農山漁村分野特有の課題ではなく、日本全体を取り巻く課題でもある。第5次基本計画では、取り組みの進展が十分でない要因として、①政治分野において立候補や議員活動と家庭生活との両立が困難、人材育成の機会の不足、候補者や政治家に対するハラスメントが存在すること、②経済分野において女性の採用から管理職・役員へのパイプラインの構築が途上であること、③社会全体において固定的な性別役割分担意識や無意識の思い込み（アンコンシャス・バイアス）が存在していることを挙げ、これらが「女性の居場所と出番を奪っている」と述べている。

こうした状況をふまえ、2020年に農林水産省は、「女性農業者が輝く農業創造のための提言～見つけて、位置づけて、つなげる～」（「女性の農業における活躍推進に向けた検討会」報告書）を公表した。1992年の中長期ビジョンは2001年を目途としていたが、その検証は行われてこなかった。本報告書は、ビジョン策定から何が変わり、何が根強い課題として残っているかを総括し、今後の女性活躍を推進するための提言を行っている。まず「直ちに短期的に取り組むべき事項」としては、「1．農村における意識改革」、「2．女性農業者の学び合い・女性グループ活動の活性化」、「3．地域をリードする女性農業者育成・地域農業の方針策定への女性の参画」、「4．女性農業者に係るプラットフォーム機能の強化」が掲げられた。

例えば「1．農村における意識改革」では、「研修・会合等において、案内の宛先への夫婦両方の名前や子の名前を記載」することが挙げられているが、これは、中長期ビジョンの検討過程でも、「家族の目に触れるように会合の案内を葉書で送ってほしい」といった声が上がっていた。30年経過した今でも、女性が外に出ることにはいまだに高いハードルがあるのが現実であるという。

さらに同報告書では今後のさらなる登用を進めるための「中長期的検討事項」として、①ポジティブ・アクション（クオータ制）の導入検討、②家族経営協定の推進に向けた取組が記載されている。①の論点については、女性リーダーや関係機関等による「運動論による取組は限界に達しつつある」とされ、新たな登用推進のあり方の一つとして、クオータ制の検討の必要性が述べられている。

ポジティブ・アクションに関しては、2010年の第3次基本計画で「女性候補者の割合を高めるため、各政党に対してインセンティブの付与、具体的な数値目標の設定、候補者の一定割合を女性に割り当てるクオータ制の導入など」の検討の必要性が明記された。2018年には候補者男女均等法、いわゆる「日本版パリテ法」が成立したが、この法律は、候補者を男女同数に近づける努力を政党に求めるものであり、違反に対する罰則を科すものではない。

強制力を伴わないクオータとしては、例えば旧制度下の農業委員会においても、議会推薦委員に女性枠を設ける取り組みが一定の成果を上げていた[注2]が、一方、農業委員会選挙は小選挙区制で行われ政党ももたなかったことから、クオータ制の導入は困難であった。新制度では公選制から市町村長による任命制に変わり、その任命要件の一つとして、「年齢、性別等に著しい偏りが生じないように配慮する」と規定されている以上、推薦名簿でのクオータ制の導入についても検討を行う必要があろう。

次に、②の論点に関しては、家族経営協定で夫婦や親子による共同経営を明記した場合、その経営は欧米におけるパートナーシップ経営（一経営複数経営者）に近い経営実態をもつことになる。しかし、現行税制では、家族による共同経営が実態としてなされている場合であっても、「一経営一経営主」が原則とされ、経営の損益は一人の経営者に帰属し、一人の経営者が事業所得を申告し、課税されることになる。たとえ家族経営協定が家族間で有効に成立し、「一経営複数経営者」型家族経営を取り決めているとしても、協定の効力が税制の領域には及ぶことはない。他方、例えばフランスでは、家族・親族などで組織するＧＡＥＣ（共同経営農業集団）が、法人格を有するにもかかわらず、課税・補助金受給は構成員の個人単位とする経営形態として認められている。これら欧米の事例を踏まえ、日本型パートナーシップ経営のあり方に関する議論の必要性が指摘されている点は注目される。

4 農山漁村の男女共同参画を進める体制づくり

ポジティブ・アクションの手法としては、クオータ制以外にも、補助金、助成金の交付等によるインセンティブ方式、ゴール・アンド・タイムテーブル方式（女性の参画拡大に関する一定目標と達成までの期間の目安を示してその実現に努力する手法）等多様である。現場の実態に応じてこれらを組み合わせることで、女性の参画に対する地域社会全体のコンセンサスを形成していくようなトータルな取り組みが求められる。

そのためには、地域における女性登用の方向性を共有し、目標に向け関係機関が連携して取り組む体制づくりが必要である。例えば、既に女性割合30％を達成した岩手県大船渡市農業委員会では、市の「男女共同参画行動計画」に基づき、農業委員、農業委員会事務局が一体となって女性委員の登用促進に取り組むなど、市町村レベルの行動計画の存在が功を奏している。

　市町村の男女共同参画基本計画の策定率（２０１８年）をみると、市区97・2％に対し、町村では58・7％にとどまっており、人員不足や予算削減により基本計画を策定する余裕のない小規模自治体も多い。例えば、市町村総合計画の施策目標のひとつとして「男女共同参画社会の形成」を位置づけ、個別計画として男女共同参画基本計画を策定するような取り組みも検討されるべきであろう。農業農村の多面的機能やコロナ禍を契機とした田園回帰等の新たな潮流を踏まえ、農村女性支援のコンセンサスを地域で確立していく必要がある。

　また、これまで農村女性の人材育成の場となっていた普及事業が、２０００年代の普及事業体制の再編等を契機として弱体化したことも、今後の体制づくりを構想する上で大きな課題となる。90年代以降の政策展開の中で輩出した農村女性リーダーの多くは、生活改善グループや農協女性部活動、全国的な農村女性ネットワーク等に参画しており、そこでの共同学習の経験が各人の力量形成につながっている。普及事業が人材育成に果たしてきた成果や役割を引き継ぎながら、女性支援のための体制づくりをいかに再構築していくのか検討が求められる。

　さて、以上述べてきたように、女性の参画を進めるうえでは地域社会の合意や男性の意識改革が不可欠であることはいうまでもないが、一方で、「女性農業者に委員就任を依頼しても引き受けてもらえない。女性の意識改革も必要だ」という声も現場からよく聞く。家族規範や母親役割意識が強い地域社会において社会参画の場に立つとき、女性は「ダブル・バインド」（積極性があり競争的な「男らしい」行動を求める規範と、優しく包容力のある「女らしい」行動を求める規範の二重性）に直面せざるを得ない。ジェンダー規範を内包する女性にとって、そこからの逸脱に対する制裁が家族や地域から少しでも起きることが予想されれば、彼女たちは自発的に公的領域から退場するであろう。

とくに農林漁業においては、女性の家事・育児・介護等のケア労働の負担が男性に比べて重い[注3]。ある女性農業委員の「現実の生活の場面では、母ちゃんであり、妻であり、農業もやり、両親も抱えて、えらくてしょうがないというのが本音です」[注4]という言葉にみるとおり、経営および地域の意思決定の場への積極的な参画と能力の向上を期待される一方、家庭内では家事・育児・介護の担い手として手抜かりなくこなさなければならないという負担感のはざまで消耗している女性は少なくないだろう。

諸外国の経験をふまえると、女性の社会参画を進めるには、保育サービスや社会福祉サービス等を拡大・充実させ、ケア労働の社会化にも合わせて取り組んでいく必要がある。近年は、農村女性起業の中でも、子育て支援や高齢者介護などをテーマに社会的企業に取り組む活動がみられる[注5]。こうした活動の育成・支援を通して、地域の新しい共助の仕組みを形成していく方向もまた検討されるべきである。地域社会や各種団体における女性の発言権や意思決定権の確立とともに、家庭、地域社会、NPO等社会セクター、県・市町村等による多面的なサポート体制づくりが求められる。

加えて、農村女性を支援する側の地方自治体やJA系統組織、土地改良団体、都道府県農業会議や全国農業会議所等の農業団体においても、女性職員の人材育成を図り、管理職や役員を増やすことで、女性の意見が反映された団体運営に取り組んでいくことが不可欠である。例えば女性活躍推進法は、事業主に対し事業主行動計画の策定等とともに、「女性の活躍状況」についての情報開示を義務づけるなどポジティブ・アクション法の性格をもつが、特定事業主である自治体の行動計画策定率（2019年3月）をみると、都道府県100％、市区75・1％に対し、農山漁村を抱える町村は29・1％にとどまっているのが現状である。今後事業主の取り組みを加速化させ、法制度の実効性を高めていくことが求められる。女性の活躍は、もはや理念や主張のレベルではなく、人事のレベルで取り組んでいくべき課題なのだ。

5 おわりに

2020年からの新型コロナウィルス感染症の拡大は、女性に大きなダメージを与えている。女性の雇用状況の悪化、家事・育児・介護負担の増大、配偶者からの暴力や性暴力の増加、女性の自殺者の増加等は、女性の置かれた厳しい状況を浮き彫りにし、ジェンダー平等政策の必要性をあらためて提起している。

女性の声を反映した政治が今こそ求められているにもかかわらず、各国の男女平等の度合いを調査した「ジェンダーギャップ指数2023」（世界経済フォーラム）では、日本の総合順位は146カ国中125位であり、とりわけ政治分野（138位）でのジェンダー不平等が著しい。日本の政治は、先進国の間でも男性の手に権力が集中している特異な存在となっている。クオータ制をはじめとした諸外国でのジェンダー平等政策のスピードが速まる中で、日本は取り残された感がある。

2021年2月に起きた東京五輪・パラリンピック組織委員会の森喜朗元会長による女性差別発言は、国際社会にも大きな反響を巻き起こした。森発言に対しては、SNSで「#わきまえない女」がいち早く展開されたが、そこではトップの発言に対し、委員会出席者が誰も反論せず笑いが起きたことが批判の対象となった。こうした組織の風土を内側から変えていくためにも、女性の数を増やしていくことが必要なのだ。

女性比率30%という数値目標は、クリティカル・マス理論という学説を根拠としている。政治におけるクリティカル・マスは、その値を上回れば女性が本来の力を発揮できるようになる女性比率を示す概念である[注6]。男性が多数を占める組織では、男性らしい行為が要求されているという組織規範のシグナルを受けるために、女性は自分の意見を言いにくい。個々人の意識変革を法的に強制することは困難だが、組織の男女比は制度的にコントロールできる。それにより女性が男性と同じ場で議論することが当たり前の組織風土が形成され、地域のジェンダー規範に変化が生まれることを期待したい。

中長期ビジョンが策定された90年代、農山漁村での男女共同参画の必要性が説明される時によく使われてきたフレーズは「農業就業人口の過半を女性が占め、農業の担い手として女性は重要な役割を果たしている」という表現であった。確かに、農業就業人口の女性割合は1960年からおよそ30年間60%台を維持していたが、以降は減少の一途を辿っている。農村地域の女性人口の変化をみても、とくに子育て世代（25～44歳）の減少率が年々高まっている。農外就労の男性に代わって女性が日本農業を支えてきた時代は終わり、女性の「農業・農村離れ」は確実に進行している。今こそ性別を問わず誰もが生き生きと地域で活躍できるダイバーシティ（多様）化を進めなければ、農業・農村から女性の姿が消えてしまうだろう。農業と農村の持続可能性を高めるためにも、地域で一丸となって取り組む体制づくりが求められている。

注1）大内雅利「農村女性政策の展開と多様化―農林水産省における展開と都道府県における多様化―」『明治大学社会科学研究所紀要』56巻1号、2017年、149頁

注2）岩崎由美子「活力ある農業委員会活動と地域農業の確立に向けて―女性農業委員への期待―」『農政調査時報』570号、2013年、50頁

注3）農林水産省「女性の農業における活躍推進に向けた検討会」報告書、2020年、13ページ

注4）岩崎前掲論文、51頁

注5）澤野久美『社会的企業をめざす農村女性たち―地域の担い手としての農村女性起業』（筑波書房、2012年）、五條満義「農村女性起業による地域社会貢献の多面的

展開—栃木県下野市・企業組合らんどまあむについて」（『農政調査時報』582号、2019年）等を参照。

注6）前田健太郎『女性のいない民主主義』岩波書店、2019年、29—32頁

第2章　農業委員会における女性登用の現状と課題

福島大学行政政策学類　教授
岩崎由美子

1 はじめに

本稿では、農業委員会組織における女性登用の現状と今後の取り組みに向けた課題について、いくつかの事例を元に考察する。２０２０年12月に閣議決定された第５次男女共同参画基本計画（以下、「基本計画」とする）では、農業委員に関する成果目標として、①女性農業委員が登用されていない組織数をゼロとする、②女性割合を早期に20％とし、さらに30％を目指すこととされた。２０２２年３月31日時点（農林水産省経営局調べ）で、全農業委員に占める女性割合は12・３％、女性農業委員が登用されていない組織は、全国１６９７組織のうち１８７件みられる。一方、女性登用に関する目標を設定している農業委員会は１６７５件にのぼり、同計画は１６７３農業委員会で策定されている。

１９９９年の男女共同参画基本法制定から20年を超える年月の中で、農業分野の男女共同参画は、現場の努力により徐々に成果を上げてきたが、基本計画が目指す姿にはいまだ道半ばといった状況である。

第５次基本計画と同時期に、農林水産省は「女性農業者が輝く農業創造のための提言～見つけて、位置づけて、つなげる～」（「女性の農業における活躍推進に向けた検討会」報告書）を公表した。１９９２年に策定された農水省初の女性行動計画「２００１年に向けて新しい農山漁村の女性（農山漁村の女性に関する中長期ビジョン懇談会報告書）」（以下、「中長期ビジョン」とする）の検証を通して、ビジョン策定から何が変わり、何が課題として残っているかを総括し、今後に向けた提言を行っている。現場の女性農業者からは、農業女子プロジェクトなどで明るいイメージが広まる一方で、経営への発言権はなく地域の会合などにも出て行けないといった根強い実態が指摘されている。

同報告書では、女性登用の推進に向けた中長期的課題の一つとして、クオータ制の導入を掲げている。諸外国ではクオータ制が女性登用に大きく寄与しており、日本でも早急に取り組む必要があるが、他方で、こうした制度改革を実現するには、現場での運動論による展開との連帯が不可欠である。

これまで多くの農業団体にとって、女性登用はマイナーな課題であり、メインの目標領域として取り組む体制が十分には構築されてこなかった。他方で、地域における女性登用の目標を関係機関で共有し、連携して取り組むことで成果を挙げている事例もまた増えつつある。本稿ではこうした事例への聞き取り調査結果をもとに、今後の女性登用の進め方について検討を加えることとする。

2 女性登用を進める体制づくり——事例調査から

① 日光市農業委員会（栃木県）

日光市農業委員会では、11名の農業委員のうち5名が女性であり、女性割合は45・4％に達する。栃木県内で初となる女性の農業委員会長も誕生し、２０２２年度農山漁村女性活躍表彰大臣賞を受賞している。

日光市では、市町村合併から2年後の２００８年に「日光市男女共同参画都市」が宣言された。現行の第2期計画では、審議会等に占める女性割合の目標値を40％以上としているが、当該目標に達した組織はいまだ少ない中、農業委員会はその先陣を切って目標を達成したことになる。

当農業委員会における女性登用の歩みを振り返ると、２０１６年の農業委員会法の改正を受け、翌17年に女性農業委員1名をリーダーとする組織検討委員会が設けられた。同検討会が中心となり、ＪＡや市農業士会、認定農業者協議会などに対し、できるだけ女性を推薦してほしいという依頼を行った結果、２０１８年7月の改選において、4名の女性農業委員が任命され、２０２１年度にはさらに女性農業委員が1名増え、計5名となった。内訳としては、集落から現会長の福田絹江さんほか、JA女性会から1名、認定農業者協議会から1名、市農業士会から1名、中立委員として商工会議所からの1名である。集落推薦は、集落の自治会役員を担っている農業委員の働きかけにより実現した。こうした取り組みは、前任の農業委員会長を務めた男性が女性登用への理解が深く、先頭を切って取り組んできた姿勢があったからだという。現在も、女性の農業委員自ら女性農業者組織の会議やイベントなどの機会を捉えて、積極的に農業委員になるよう働きかけを行っており、特に、農業委員になることへの不安がある女性に対しては、農業委員の役割や現在の活動実態についてわかりやすく説明し、不安を解消できるようにしている。

当農業委員会では、意見要請活動部会・担い手育成部会・遊休農地対策部会・鳥獣害対策部会・情報発信活動部会の5つの部会に分かれて活動している。定例の総会や総会前の現地調査、農地パトロール等の活動には男女の区別なく参加し、総会での発表を行う。農地利用最適化推進委員（以下、「推進委員」とする）については、総数20名のうち女性2名が登用されている。男性の推進委員が交代する際、集落の女性にバトンタッチをした例もあった。また、中立委員には商工会議所の推薦で女性が就任している。「いろいろな分野の人が集まると、活動の分野も広がり、消費者目線での情報発信や広報活動などで活躍してくれる」と福田会長は話す。

現在は、女性農業委員・推進委員（以下、「女性委員」とする）7名でグループを作り、市内小学校等での紙芝居による食農教育活動に取り組んでいる。紙芝居は「田んぼの働き」、「いちごの話」という2本立てで、実際に苗や稲の穂を持参したり、田んぼにいたタガメを見せたりして命を育む農地の大切さを伝えている。

福田会長は、県女性農業士の第一期生であり、認定農業者でもある。旧制度下の議会推薦委員として農業委員に就任し、会長職務代理者を経て、2021年7月に会長に就任した。農業士として栃木県の「とちぎ男女共同参画プラン」の推進に携わった経験ももつ。県の積極的な女性支援の取り組みが、高い農業委員登用率19・9％（全国第1位）につながっているという。

福田会長は、農業分野の女性登用に向けては家族の理解が不可欠であることから、家族経営協定の取り組みが重要だという。会長自身も1998年に夫婦協定を締結し、後に就農した息子も交えて協定を更新している。「社会の最も小さいグループが家族。家族間では言葉に出さなくてもわかると思いがちだが、話してみないとわからないこともある。同じテーブルについて自分の意見を出し合う場が必要」と話す。

女性農業委員が半数近くを占めたことで、農業委員会の雰囲気が明るくなり、総会でも発言が出やすくなった。農業委員に相談しやすい雰囲気が作られ、とくに地域の女性からの農地利用に関する相談も増えている。

福田会長は、「次世代に地域をつないでいくためには女性の地域参画がきわめて大切」だという。今後の地域計画策定においても、「若い世代が今後も住みたい地域にするにはどうしたらいいかと考えたときに、こどもが安全に遊べるような公園がほしいとか、一人暮らしの高齢者に野菜を届けるような事業を進めたいなど、生活者としての女性の発想力を発揮していきたい」としている。

② 大船渡市農業委員会（岩手県）

農業委員会および推進委員双方において女性割合3割を達成した大船渡市農業委員会では、「大船渡市男女共同参画行動計画」に基づき、農業委員、農業委員会事務局が一体となって女性委員の登用促進に取り組んできた。

同市では、2001年に男女共同参画基本計画を策定し、翌02年には、岩手県初となる男女共同参画条例を策定した。同計画で設けられた女性登用目標の達成に向け、まず2012年に議会推薦委員の議員枠1名、有識者枠2名を有識者枠3名に再編して女性登用枠の拡充を図り、2016年にはJA推薦委員の辞職による後任について、JA枠の役員1名を有識者枠1名に再編して女性の登用を図るよう議会・JAに働きかけを行った。

さらに、2017年の新制度移行に伴い、中立委員に女性を登用するため、事務局と農業委員がJAや地域公民館等に出かけて掘り起こしを行った。その結果、女性の農業委員3名（女性割合33・3％）、推進委員3名となった。こうした女性登用に向けた一連の取り組みは、当時の農業委員会事務局の担当者だった女性職員の働きかけが大きかったという。

女性委員が6名となったのを契機に、女性農業委員からの発案で、遊休農地活用の取り組みが始まった。東日本大震災後、大船渡市では椿の特産品化に取り組んでおり、耕作放棄地への椿苗の植栽、椿の実拾い等の活動に女性委員が積極的に関わってきた。また、女性農業委員から遊休農地活用の取り組みとして、気仙茶の栽培を行いたいとの提案があり、休耕畑にお茶の苗木を植栽して試験栽培を行うなどの活動も行った。

農業委員会の女性登用の取り組みに当たっては、岩手県の女性農業委員ネットワーク「いわてポラーノの会」の存在も大きかったという。いわてポラーノの会は、「地域農業の振興や生き生きとした元気な農村社会をつくるため、県内の女性農業委員がお互いに連携し、向上すること」を目的として2001年に設立された。会の名称は、宮沢賢治の短編小説「ポラーノの広場」から命名された。「ポラーノの広場」は、「誰もが歌い踊り祭りを楽しむ広場」であることから、「誰もが集い語り合うことができる広場」となるのを願って名付けられたという。同会では、「地域農業の振興、農村の活性化を進めていくためには、多様な価値観や新しい視点、創意工夫が必要」であり、そのためには「女性の力」や「女性ならではの感性」が発揮されるようにならなければならないとして、「女性の力」を最大限発揮できるような組織活動の強化に取り組んでいる。こうした県レベルのネットワークの存在により、個別の市町村の取り組みを後押しする体制が構築され、岩手県の農業委員会女性登用率は18・7％と高い水準となっている。

当農業委員会では、女性委員が増えたことで会議の場が柔らかくなり、発言しやすい雰囲気になったという。地域を回って農業者と話をするときも、女性委員は形式張らず日常の雰囲気の中で話をすることができるので、相談件数も増えている。こうした女性の特性は、今後の地域計画の策定にも大きな効果を及ぼすと事務局は見ている。耕作面積の規模拡大の視点のみではなく、集落・農村のあり方を暮らしの視点から構想するためには、女性の参画が欠かせないという。

③ みやぎアグリレディス21（宮城県）

宮城県の女性委員等ネットワーク「みやぎアグリレディス21」（以下、適宜「アグリレディス」とする）は、２００２年の結成以来、女性の農業委員の登用促進を重点目標に据え活動を展開してきた。改正農業委員会法施行後2回目の改選に際し、農業委員会を設置する県内全ての市町村長、議会議長に対して、宮城県農業会議と連名による要請活動を行い、農業委員会会長に対しても、市町村長・議会議長への要請に同席を求め懇談を行ってきた。その結果、宮城県では全ての農業委員会に女性が登用され、基本計画の成果指標である、女性農業委員のいない農業委員会をゼロにする目標を達成した。同会発足当時女性農業委員数は12名に過ぎなかったが現在は82名に増え、女性の農業委員の登用率は18・９％にのぼっている。２０２２年度は、翌年改選を迎える19市町村にアグリレディス役員と県農業会議会長が出向き、要請活動を行っている。

創立メンバーの伊藤恵子さん（美里町農業委員会長）によれば､当初は「おなござっぺして」（女のくせに）という周囲からの声もあって苦労が多かったというが、「地域で女性委員が、自分たちで出来ることから活動を展開していくこと」、「農業委員会女性委員は、身近で頼られる存在であること」、そして「女性委員の存在意義を、アグリレディスの活動実績で示していくこと」をモットーに積極的な活動を展開してきた。女性農業委員はとくに地域の女性にとって身近な相談相手であり、後継者や相続問題など農地関連の相談を受ける機会が多い。こうした相談活動によってきめ細かい農地状況の把握が可能となり、「人・農地プラン」の実質化を後押しするケースが増えているという。

近年の田園回帰の潮流の中で、移住女性が農業委員に就任するケースも生まれている。南三陸町で小松菜を中心に栽培するHさんは、東京の通信関係企業に勤めていたが、東日本大震災の復興支援活動を機に２０１４年に移住して就農した。18年に町農業委員になったが、農業経験が少ないHさんを支えてくれたのがアグリレディスのメンバーだった。「女性農業者特有の悩みも含め、経験豊富な方々に相談できるのはありがたかった」として、自身も「都市部から移住した農業者の声を伝える役割を担いたい」という。

同会では、まずは農業委員会の活動を地域に知ってもらい、女性の候補者の掘り起こしに取組むこと、女性委員の活動を男性委員に知ってもらい、活動を活発化させ女性委員の実績につなぐことを重要視している。そこで同会は、「農業委員会女性委員活動支援事業」を立ち上げ、女性委員が主体となった活動への経費助成を行うことでこうした取り組みを後押ししている。例えば、名取市の女性農業委員は、地元の秋祭りに女性農業委員のブースを出し、フードロス問題の発信と農業委員会活動のＰＲを実施した。また、加美町では「アグリレディスカフェ」を女性農業委員が主体となって実施し、担い手経営対策に関して「新規就農者の定着に向けて必要なこと」、「理想の営農スタイル～あったらいいな、を叶えるには」、「女性就農者に立ちはばかる壁とは」というテーマで農業委員、推進委員と農業者との意見交換会を実施している。

２０２２年1月に仙台市で開催されたみやぎアグリレディス21設立20周年記念式典では、冒頭、同会の役員たちが「アグリレディス今昔物語」と題する寸劇を披露し、来賓の村井宮城県知事も飛び入りで踊りに参加するなど大いに盛り上がった。

「今昔物語」は、1999年の男女共同参画基本法制定からスタートする。20年前、「おなござっぺして」という声を跳ね返し農業委員に進出した女性たちが、みやぎアグリレディス21を結成し、今度は20年後、地球温暖化で農業が苦境に立たされる中、宇宙に飛び出して米の品種改良に成功し、「愛しいマイダーリンと美味しい漬け物を食べたくて」地球に帰還するというストーリーである。女性委員たちによる女優チームの名演技で会場は爆笑の渦に包まれたが、「変えられないと思っていたことを変えてきた希望」の道筋を参加者全員で振り返る機会となった。

会のメンバーは、「女性参画の数値目標を達成したこと以上に、農業委員会活動をきっかけに、地域農業を守っていきたいという同じ志をもつ仲間に出会えたことが本当によかったと思っている」という。県農業会議による側面的な支援も大きい。地域の女性農業者をつなぎ、個々人のエンパワーメントの場となり、次世代に継承するネットワークの重要性を示している。

3 女性人材を見つけて、つなぐ

女性の農業就業者が著しく減少する中においては、農業委員会への女性登用を進めたくとも、人材を地域で見つけにくいことが課題として指摘されている。上記の日光市や大船渡市では、農業委員と事務局が協力して、JA、認定農業者協議会、農業士会、商工会議所、地区公民館等に積極的に働きかけ女性候補者の掘り起こしを行っている。また、集落の役員を担っている農業委員が地区の女性に声をかけるなどの活動を通して、集落推薦による女性登用も進めている。

就任に不安をもつ女性に対しては、活動の説明を丁寧に行い、また、女性委員が複数名誕生した際には、食農教育や遊休農地の解消などをテーマとした女性農業委員の活躍の場を創出している。

女性が農業委員就任を躊躇する理由としては、組織の運営実態が十分に周知されていないことも大きい。こうした組織が地域での生産と生活にどのような役割を果たしているのかを積極的に発信し、対話の場を作る必要があるだろう。

例えば、宮城県大崎市農業委員会では、地域で積極的に活動している女性を「一日女性農業委員」に委嘱し、農業高校の生徒や大学生も交えて、農業委員会の役割や農地行政についての情報提供、農政に関するグループ・ディスカッション等を行っている。この取り組みは、合併前の旧古川市で1999年度から始まり、2022年度は「農業に対する女性の思い」をテーマにワークショップを行い、市長の参加も得た。実際に、この会がきっかけとなり、若手の女性農業者が農業委員に就任したケースもあるという。

女性参画は、組織に新しい風を吹き込み、開放的な風土に変え、活動の活性化に効果をもたらす。各地の事例をみても、会議での発言が増えて議論が活性化したといった効果から、農地集積の話し合い、耕作放棄地の解消、食農教育、広報活動といった様々な取り組みにおいて、女性農業委員は大きな役割を果たしている。農地利用の最適化を進めるには、「農地をどう守るか」という視点から地域での話合いを積極的に進めるとともに、「農地をどう活かすか」という視点からの農業振興の取り組みもまた必要となる。加工や調理技術を生かした特産品開発、次代の消費者を育む食農教育、つながりや経験をベースに地域住民・消費者とのコミュニケーションを活発化させるなど、女性たちの活動は、身の回りの暮らしの現実をふまえた生活者の視点から発しており、そのことが多くの共感や支持を得て地域の活性化につながっている。

先に紹介した「アグリレディス」の事例からも明らかなように、現場を動かすには、法制度はもちろんのこと、それを活用する個人のエンパワーメントとともに、個人と個人をつなぐネットワークが大きな役割を果たす。ネットワークは、多様な女性の声を聞き取り、アドヴォケート（思いを言葉にする、代弁する）し、政策に結びつけていくことを可能にする。とりわけ、女性農業者のネットワークは、地域内外の消費者にも広がることで、生産者と消費者との距離を縮め、相互に顔の見える新たな関係が取り結ばれる可能性がある。定年帰農、田園移住、半農半Xを選ぶ人びとが増加し、環境、自然、食、地域などへの社会的関心も高まりつつある中、「生産する生活者」である女性農業者のもつ問題意識と行動力、そして連帯のネットワークの一層の拡大は、持続可能な地域社会の構築に向けても重要な意義をもつ。

2022年5月に成立した「人・農地関連法」で新たに位置づけられた「地域計画」（地域農業経営基盤強化促進計画）では、農業委員会が主導して地域の意向把握やビジョン策定を行うこととされている。農地は生産・経営資源であると同時に、地域にとってかけがえのない地域資源であるという観点からすれば、非農家を含めた地域住民との協働関係の構築は農業委員会にとって重要なテーマとなる。地域資源、環境資源、教育資源としての農地の存在価値を発信するうえで、女性の力はきわめて大きい。集落レベルでの農地利用の話し合いや地域活動の中で女性が自由に発言でき、活躍できる出番を用意し、そのプロセスの中で女性人材を育てていくことが重要である。

例えば、鶴岡市農業委員会（山形県）では、女性委員（農業委員3名、推進委員4名）が地域で活躍できるよう、人・農地プラン等の地域の話し合いへの参加を促すとともに、地域での話し合いにおけるコーディネーター役を担ってもらうため、山形県農業会議主催の農業ファシリテーター養成研修会への参加を進めている。ファシリテーションの専門家が講師を務め、これまでに3期実施し、農業委員・推進委員など農業委員会組織関係者が1期5回の研修を受講している。当農業委員会では女性委員3名が研修を修了し、「農業ファシリテーター（初級）」の認定を受け、今後、地域での話し合いにおけるコーディネーター役を担うことが期待されている。

男性であっても、最初から優れた力量をもつ人材はごく稀で、周囲の支援を得て経験を積むなかでリーダーとして成長していくプロセスをもっているはずだ。起業活動や食育分野で活躍する女性や、地域活動に意欲的な移住者や新規参入者等、単なる数合わせのためではなく、地域の将来を担う次世代の人材を発掘して育てるという視点が求められよう。

4 おわりに——女も男も、自分らしく生きられる地域へ

「中長期ビジョン」が発表された1992年当時、男女共同参画の必要性を説明する時によく使われてきたフレーズは、「農業就業人口の過半を女性が占め、農業の担い手として女性は重要な役割を果たしている」というものであった。確かに、1960年からおよそ30年間、女性割合は60％台を維持していたが、以降は減少の一途を辿っている。農村地域の女性人口をみても、とくに子育て世代の減少率が年々高まっており、女性の「農業・農村離れ」は急速に進行している。

女性の人口減少は、農村部だけでなく地方都市にも及んでいる。女性の高学歴化が進んでいるにもかかわらず自らのキャリアを活かして働ける場が地方には少ないことがその背景にある。性別を問わず誰もが生き生きと地域で活躍できるダイバーシティ（多様）化を進めなければ、地方から女性の姿が消えてしまうだろう。

男性中心社会では、女性の視点や発想を政策に反映することは難しく、女性たちが声を上げなければそもそも争点にすらならない。「物事を決める場＝方針決定の場」への女性参画は、人口減少や少子高齢化等の課題に直面している地方の持続可能性を高めるためにも、もはやマイナーな領域ではなく、待ったなしのメインテーマとなっているのだ。

女性登用は女性のためだけではなく、男性や地域社会にとってもプラスの効果をもたらす。かつて中長期ビジョンで目指す姿とされたのは、「自分の生き方を自由に選択し、自分の人生を自身で設計し、その結果、自信と充実感をもって暮らしている」女性像だった。この目指す姿は男性にも当てはまる。女性が働きやすく、暮らしやすい地

域は、男性にとっても同じはずだ。

福島県飯舘村で初の女性農業委員となり、後に会長となった佐野ハツノさん（故人）は、かつて女性農業委員の役割について次のように話していた。「認定農業者の育成や法人化の促進なんていうことは、男でもできること。せっかく農業委員になったのだから、女でなければなかなか出てこない『くらし』の視点を大切にしたい。これからの農業委員は、生活者として、また、日本の食を預かっている農業を支える視点から活動を行う必要がある。地域の農家、住民の視点から政策を構築するボトムアップ型農政の中心として農業委員は活動すべき」と。構造政策の下請け機関ではなく、地域の自治、地域の自律性を基盤とした農業委員会のあり方を展望する彼女の言葉は、女性の動員による単なる数合わせのための「参加」ではなく、なんのために、どういう地域を、どういう社会をつくるために「参画」するのか、という視点の重要性を示している。

頻発する災害、パンデミック、脱炭素化社会への移行等、これまでになかった新しい課題に直面する農業・農村では、時代の変化の風をいち早く感じ取り、地域の農業者や住民と直接向き合い、課題解決に応える活動が求められている。その点で、生産者と生活者の両方の視点を併せ持つ女性の運営参画は、ダイバーシティ・マネジメント（多様な人々が活躍できる場を整え、組織のパフォーマンスにつなげる）の試金石ともなろう。農業委員会は、その先陣を切り、女性登用に積極的に道を開くことで、地域の持続可能性向上のために大いなる存在感を見せてほしい。

第3章

女性農業者をめぐる変化と課題
～農業委員会の公共性と女性の参画～

日本大学生物資源科学部　教授

川手督也

1 華やかでやりがいと誇りに満ちた姿が農の可能性を示す

農業就業人口の半数近くを占め、農業の担い手として女性が重要なことは以前から言われてきたが、近年、経営参画や役割分担の明確化が進み、農業経営への貢献が顕在化していることがしばしば指摘されている。

実際、若手の女性農業者コンクールの審査委員を務めた際に、その認識を強めた。特に、コンクールの受賞者たちは、30代後半から40代前半で、農業の担い手として名実ともに経営参画し、子育てを経験しながらも一人の農業経営者として一定の経験と実績を積み上げている。経営の多角化部門などの責任分担を行うなどして自分の農業経営に対して目に見える形で大きな貢献を行っている。結果として今日の農業の可能性が追求され、体現された経営が展開されている。例えば、結婚を契機とした就農であるが、就農時点から高い意欲を持って農業に従事し、能力向上や経営参画を進め、法人化を契機として名実ともにトマトが主力の6次産業化の経営の中心となり、経営の内容も農業の可能性を追求しているケースや、就農後早い段階で加工や直売部門を新設して責任分担を行い、法人化して自らが代表として経営を展開し、地域の食文化を生かし手づくりにこだわった商品開発を行いつつ、子育て世代の女性を積極的に雇用しているケースなどが挙げられる。

かつて、農村の女性たちは「乳役兼用無角牛」と形容されていた。乳牛のように跡継ぎとなる子供を産み育て、役牛のようにたくましく働き、それでいて角もなくじっと我慢できる女性こそ理想的な「嫁」であった。若い頃からの激しい労働のため早く年をとり、腰が大きく曲がって…といったイメージで語られ、農業・農村の後進性のシンボルとして認識されてきた。

しかし、少なくとも先進的な事例は、そうしたイメージとは全く逆の〝華やかで農業へのやりがいと誇りに満ちた姿〟となっている。そうした従来と次元を異にする女性たちの出現こそ、農業の持つ大きな可能性を端的に示しているといえる。同時に、そうした女性たちの取り組みを支援しつつ、彼女たちに続く者を一人でも多く育んでいくことこそ、今日における農業の危機を打開する道であることをよく認識する必要がある。

2 女性農業者が生活者の視点生かして、変革主体に

日本において女性が農業・農村で重要な役割を果たしているという認識が一般的になったのは、それほど昔のことではなく、昭和も終わりの頃からである。

キーパーソンとなったのは、現在60歳代から70歳代前半にかけての女性農業者リーダーたちである。彼女たちは第2次世界大戦後生まれであり、いわゆる戦後民主化教育を人生の最初から受けた世代である。農業との関わりについては、農家出身か否かにかかわらず、結婚後に初めて就農するというパターンが多い。都会のサラリーマン家庭出身で結婚前は全く農業・農村体験のないケースも少なくない。いずれも共通して「ただ働くだけのおばさんでは終わりたくない」という思いを強く持ち、子育てが一段落した後に、農業に本格的に取り組んでいった。多くのケースでは、生産における知識や技術を身に付けると同時に、農業経営の多角化部門や財務部門、雇用者の労務管理などを責任分担し、自家の農業経営に目に見える貢献を果たしつつ、経営参画を進めていった。また、農業改良普及センターのセミナーなどに積極的に参加して自らの能力を開発するとともに、広域での仲間づくりやネットワークの形成を進めていった。

その結果、図らずも、農業・農村の危機的状況の深化と並行するように農業者リーダーとして主体形成を行っていった。彼女たちの取り組みは、自分の家の農業・生活に発し、地域社会、さらには都市サイドまで広がっている。内容的には、狭い意味での農村女性の地位の向上のみならず、産直、直売、6次産業化、伝統文化の継承や新しい

生活文化の創造、地域づくり、地域資源管理、環境問題への対応、高齢者福祉、都市住民や消費者との交流など、生活者の視点を生かした多様で幅の広いものとなっている。

エンパワーメントの面でも、市町村農業委員会や市町村議会等に自分たちの代表を送り込む運動が各地で展開されていった。彼女たちの取り組みは、世の中を徐々にではあるが着実に変えていく力となっていった。

彼女たちこそ平成の時代における農業・農村の変革主体であり、30年間の歩みと成果は、端的に農業・農村の新しい可能性を示している。

3 女性の農業・農村離れ顕著、古い課題が残る

現在60歳代から70歳代前半の農村女性リーダー、さらにはその下の世代の先進的な女性農業経営者たちは、農業・農村の新しい可能性を示してきた。彼女たちの取り組みは、今日の若い世代における農業に対する社会的な関心の高まりや「田園回帰志向」に大きな影響を及ぼしていると言える。実際に、若い世代では男性のみならず女性が取り組む新しい動きが目に付く。

しかし、その一方で、マクロ的に見ると、農業労働力全体の縮小傾向は継続しているが、男性に比べて女性の減少が著しいという傾向が見られる。かつて、女性は農業の働き手としては半数以上を占めていると言われてきたが、今日ではそうは言えなくなっている。例えば、基幹的農業従事者に占める女性の割合は、1970年には54・3％を占めていたが、その後は減少傾向が続き、2015年には42・7％にまで落ち込んでいる。この傾向は若い世代で顕著となっている。いわゆる女性の農業・農村離れである。

農林水産省農林水産政策研究所の佐藤真弓主任研究官は、農業センサスの分析に基づき、女性農業労働力の減少要因として、①女性の就職・結婚などに伴う農村地域への人口流入の停滞、特に農家世帯における子育て世代の減少と都市における

停留②男性農業就業者の未婚率の上昇③高齢化の進展に伴う医療・福祉分野での労働力需要の高まり④稲作経営の大規模化と機械化による女性の補助労働力の必要性低下の四つを挙げている。

また、今日の女性の農業・農村離れを食い止めるために、①女性が生活や仕事を継続したいと思えるような環境を農村地域あるいは農家世帯に整えていくことが結果として女性農業労働力の確保につながる可能性があること②女性労働力の獲得においては、他産業との競合関係が強まっているため、職業選択や労働環境などの面で農業の優位性を高める必要があることを指摘している[注1]。

以上のことは、一部の女性たちが華やかで誇りに満ちた姿や取り組みを見せている一方で、全体としては依然として農業・農村において古い課題が払拭されていないことを示唆しているといえる。

4 専業農家の高い未婚率

近年、少子高齢化が日本の社会に与えるインパクトに関する議論が活発化してきている。少子高齢化の進展は、農業・農村の場合、日本全体の5～10年先取りしていることが指摘されており、農業・農村においてより差し迫った問題となっている。

こうした中で、依然として議論されることは少ないものの、生涯未婚率の上昇が、農家の家族の在り方にきわめて大きな影響を及ぼしはじめている。生涯未婚率とは、50歳時までに法律上一度も結婚したことのない者の割合を指し、その上昇は農村のみならず日本全般において顕著になっている。すでに2010年の段階で、日本の生涯未婚率は男性で20%、女性で10%を超え、近い将来には男性が25%に達し、さらに上昇すると予想されている。このことは、日本において、家族形成自体が広く困難化しつつあることを意味する。

生涯未婚率の上昇は、農村や農家でより顕著に進んでいる。農研機構の澤田守グループ長補佐による農業センサス分析結果では、10年の配偶者割合を専兼業農家別にみると、特に割合が低いのが専業農家であり、「45～49歳」の場合、専業農家では35％にとどまっている。「45～49歳」の配偶者割合をみると、総じて農業生産の比重が高い類型ほど低い傾向がみられ、専業農家の同居農業後継者の場合、配偶者の確保ができていない割合は6割を超えている。さらに、10年では専業農家の農業経営者の配偶者割合がより減少し、「50～54歳」で専業農家のうち3戸に1戸以上の割合で農業経営者の配偶者が確保されていないことを示している。特に問題な点は、専業的な家族経営では配偶者が確保できず、次世代の世帯員の確保が困難な状況にあることである[注2)]。こうした現象の背景要因に、女性の農業・農村離れがあることは言うまでもない。

以上のことは、直系家族制をベースとした日本の専業的な家族経営が経営継承において根本的なところから困難に直面しはじめているというだけでなく、農村において家族の形成自体が困難化する中で、家族を基盤として形成されてきた従来の農業・農村における経済・社会システム自体、維持が困難化する可能性があることを意味している。

5 農業委員会の公共性は女性が参画してこそ

農業における女性の社会参画の指標として農協の理事と並んで取り上げられるのが、農業委員への女性の登用であることはいうまでもない。周知の通り、政府の目標は農業委員に占める女性の割合を30％にすることを目指すことである。改正農業委員会法の施行も追い風となって2017年度には農業委員に占める女性の割合はついに10％を超えた。

平成初めの頃の農業委員に占める女性の割合をご存じであろうか？ わずか0・1％ととんでもな

く低い水準であった。私は1991年から2年にかけて農水省で農村女性施策の担当官を務めていたが、政府の男女共同参画に関する諮問会議で1人の委員の方から「この数字はあまりに低く、言語道断。国の恥である」とのご批判をいただいた。全く何の反論もできず、打ちひしがれて会場を後にしたことを今でも鮮明に覚えている。

平成の終わりに至って、女性農業委員は珍しくはなくなり、農業委員会のリーダーとして活躍されている女性も少なくなくなった。隔世の感がしないわけではないが、それでも農業委員に占める女性の割合は依然として低いと言わざるを得ない。摂南大学の藤井和佐教授が指摘しているように、一定の集団をもともと排除した公共性は、不完全な公共性であるだけでなく、そもそも公共性ではない。農業・農村において女性を排除したシステムに公共性はないことになる[注3]。地域の意思決定の場に女性が排除されているわけではないが、農業委員に占める女性の割合が示しているように、女性の参画の水準は低い。特に、女性の農業委員が任命されていない252市町村(2021年)では、公共性があるとはいえないのではないか。

これまで、なぜ女性が農業委員に登用されなければならないのか?という問いが繰り返されてきたが、そろそろ考え直す時期にきていると思われる。農業・農村に占める女性の役割の大きさを考えれば、農業委員の半数を女性が占めるのはもともと当然のことではないか。なぜ、農業委員に占める女性の割合がこんなにも低いままだったのか、なぜ、そうした状況で農業・農村の世界は平気だったのか、という問いこそ新たに必要とされているのではないか。

6 女性を担い手として位置付ける家族経営協定

周知のとおり、家族経営協定とは、家族農業経営にたずさわる各世帯員が、意欲とやりがいを持って経営に参画できる魅力的な農業経営を目指し、経営方針や役割分担、家族みんなが働きやすい就業環境などについて、家族間の十分な話し合いに基づき、取り決めるものである。

家族経営協定は、平成のはじめに、農政において農村女性政策の体系化が図られた際に、女性が農業の担い手として明確に位置づけるための核となる手法として位置づけられた。日本の農業は、その大半が家族経営によって営まれてきたが、制度上も実際上も世帯主義的性格が強く、通常、男性である一人の経営主を代表として、その他の働き手は影の存在になりやすい。ここから生じる問題を制度面も実際面も打破していかなければならないという認識に立ち、推進が図られた。同時に、家族経営協定は世帯主義の強い家族経営に関する制度上的枠組みを改善し、共同経営者概念を確立するために活用された。具体的にはいわゆる農業者年金の女性加入や認定農業者の共同申請などが成果としてあげられる。

農林水産省経営局就農・女性課によると、2018年の家族経営協定の締結農家数は5万7,605戸にのぼり、主業農家に占める割合は22・9%である。

その内実をみると、協定締結の内容としては、園芸や畜産産地の専業的家族経営が多い。協定の様式については基本的な部分は似ているが、地域の実情などに合わせてさまざまな工夫が加えられている。特に推進の中心となった先進的経営では協定の締結を家族で経営・生活のあり方を見直すよい機会として活用し、家族のニーズを反映して新しい項目を加えて、内容豊かなものとしている。そうしたケースでは、家族経営協定の見直しを継続的に行う中で経営や生活のあり方を見直し、家族経営・生活の発展に活用している。男女共同参画を進めると同時に家族経営を一つの組織と見なし、長期、中期、さらには短期の経営・生活設計と結びつけて経営改善のツールとして活用しているケースも生まれている。

その一方で、家族経営協定の問題点や限界として指摘されるのは、普及がなかなかリーダー農業者の範囲を超えて進まないことである。先に示した農林水産省の調査結果のとおり、家族経営協定が提唱されてから約30年が経過するにもかかわらず、締結は主業農家の2割程度にとどまっている[注4)]。

7 家族の問題が経営面でも極めて重要

家族経営協定の普及がなかなか進まない要因について、利谷信義東京大学名誉教授は家族経営協定はいわばもろ刃の剣であり、発展する可能性をもった経営には武器になるが、衰退していく経営にとってはその事実を暴露するものであり、結果として普及推進が〝発展する経営〟にとどまることを指摘している[注5)]。

昭和女子大学の天野寛子名誉教授及び粕谷美砂子准教授は、家族経営協定を締結した農家は、以前から夫婦間、親子間において話し合いが十分になされ、一人一人が意欲をもって働ける環境が整っている場合が多いのに対し、締結していない農家では、夫婦の間で話し合いをしようとする姿勢が弱く、固定的な性別役割分担意識が強いこと、特に夫において生活はプライバシーの問題であるという考えに固執する傾向が強いことを明らかにしている。

これは、「家族経営協定＝もろ刃の剣論」を支持しているとも考えられるが、天野名誉教授及び粕谷准教授は、夫婦自らが夫婦や家族の関係の根深い問題を自覚し、開かれた社会的関係へ視野を広げるために家族経営協定が使われるのであれば、効果は大きいことを指摘している[注6)]。

家族経営協定を締結して経営改善のツールとして活用しつつ、その普及を積極的に進めてきた男性農業経営者は、「農家なら皆心に痛みをもっているはずだ。自分がそうであったように、夫は愛する妻を無意識的に自分より低く位置づけ、妻の心を傷つけていることに対する良心の呵責を潜在的に抱えている。妻は愛する夫から低く位置づけられ抑圧されていることに心が傷ついている。キッカケさえあればそのことに気づくはずであり、自然と家族経営協定の締結に向かう。そのためには地道で時間をかけた取り組みが必要となるが、そうすると、家族の問題だけではなく、経営の問題にもプラスに働くようになる」と語る。

この言葉の示唆するところは大きい。家族が中心の農業経営が大半を占めるわが国では、家族経営協定の果たす役割は今日でも小さくない。家族経営では家族の問題が生活面のみならず経営面においても極めて重要という当たり前のことを、研究も現場もあまりにも無視し続けてきたのではないか。

8 農山漁村の女性に関する中長期ビジョンの見直しと残された課題

日本の農政において、初めて農村女性対策の体系化が図られ、女性が農業の担い手として明確に位置付けられたのは、1992年に策定された「農山漁村の女性に関する中長期ビジョン」である。

ビジョンでは、21世紀の農山漁村において当たり前であってほしいと願う女性の姿が「農山漁村の暮らしの可能性を追求した『農山漁村型ライフスタイル』の確立に向けた取り組みを進める中で、自分の生き方を自由に選択し、人生を自身で設計し、その結果、自信と充実感を持って暮らしている」と示されている。ついで、その実現のための課題と対策が明記されている。

周知のとおり、家族経営協定や農村女性起業、女性の経営参画や社会参画の促進などの施策はビジョン、さらには1999年に制定された食料・農業・農村基本法と男女共同参画社会基本法をもとに展開されてきた。

それから四半世紀が経過した。ビジョンと一連の施策は、女性農業者リーダーの育成や取り組みの支援において一定の貢献があったといえるが、時代的な制約もあり、さまざまな問題点や限界を有している。ビジョンはそもそも2001年で期限が切れることになっており、その機会を捉えてビジョンの総括と見直し、それを踏まえた新たな施策の策定と展開が必要であったと思われるが、残念ながら長い間果たされずに来た[注7]。

ようやくコロナ禍の2020年に農林水産省経営局に「女性の農業における活躍推進に向けた検討会」が設置され、30年近く経って中長期ビジョンの見直しが行われ、同年12月に検討会報告書として「女性農業者が輝く農業創造のための提言―見つけて、位置づけて、つなげる―」（以下、検討会報告書）が公表された。

農林水産省は、同じ時期に公表された第5次男女共同参画基本計画と検討会報告書の提言を受け、新たな施策の展開を試み、2021年度から、新規就農を希望する女性を受け入れる体制づくり、女性グループの活性化・ネットワーク化、男女別トイレ、更衣室等の確保、子育て支援の体制づくり等を支援することにより、女性が農業・農村で働きやすい環境整備に取り組んでいる。また、女性農業者のスキルアップやリーダーと次世代リーダーの交流を支援することにより、地域農業をリードする女性を育成する事業を実施している。同時に、農業委員及びJA役員に占める女性の割合の第5次男女共同参画基本計画の成果目標達成を目指し、都道府県、市町村、JA、さらには土地改良区等に対して具体的な目標設定を働きかけ、女性の参画を促し、定期的なフォローアップを進めている[注7]。

検討会報告書では、同時に、中長期ビジョンの策定から約30年が経過した今日においても依然として様々な課題が残っており、リーダー層以外では女性農業者の能力発揮を妨げる状況が続いており、マクロ的に見ると、「農業から女性が逃げている」ことを指摘している。検討会での指摘のベースには、先に紹介した佐藤主任研究官の研究成果がある。検討会の委員の大半は、女性農業者の委員（農業委員2名を含む）をはじめとして佐藤主任研究官と同様の認識を示していた。

以上を踏まえて、検討会報告書では、女性が農業で活躍するための課題として、①農山漁村におけるさらなる意識改革、②ワーク・ライフ・バランスの改善（女性の過重負担の解消）、③女性の学び合い・女性グループ活動の活性化、④地域をリードする女性の育成・地域の方針策定への女性の参画（ロールモデルの育成と広報を含む）、⑤女性に係るプラットフォーム機能の強化（農林水産省、都道府県、市町村、農協・漁協・森林組合関係、そして農業委員会）があげられると同時に、女性農業者グループ・ネットワークの中間支援組織化の重要性が指摘されている。

9 今こそ農業委員会が公共性を手にする時

農業委員の女性の割合は、2021年には、12・4％にまで増加している。繰り返しになるが、30年前と比べて隔世の感がしないわけではないが、あるべき水準にはまだ遠い。これは農業・農村特有の課題ではなく、日本全体を取り巻く課題でもある。第5次計画では、「固定的な性別役割分担意識や性差に関する偏見、無意識の思い込み（アンコンシャス・バイアス）が根強く存在し、女性の居場所と出番を奪っている」と記述されている[注8]。

それでも、繰り返しになるが、少なくとも先進的な女性農業者リーダーの存在と取り組みは、農業・農村の持つ可能性を端的に示しているといえる。

農業委員会の女性の登用については、「農業委員に占める女性の割合が10％を超えている」というのは平均値であり、実際には、相変わらず女性農業委員のいない市町村があると同時に国の目標値である30％を超える市町村も散見されるようになった。公共性の問題も実効性ある議論をすることが可能になっている。そのことを強く実感したのは2023年1月10・11日の両日に開催された都道府県農業会議及び府県女性農業委員会組織主催の令和4年度女性の委員登用促進研修会に参加する機会を得た際である。男性を含む参加者の大半が農業委員会の公共性の問題を肯定的に受け入れていたし、30％を超えた市町村の取り組みや全市町農業委員会で女性農業委員登用を達成した県の取り組みがわかりやすく紹介され、女性の委員登用に向けて有益なノウハウや手立て等が示されるとともに積極的な意見交換が行われた。農業・農村が有する根深い問題は依然として解決されていないものの、女性農業委員や関係者等の尽力により、30年の間に状況は大きく変化しつつあると言える。同時に、この変化はもはや止まらないと確信した。今こそ農業委員会が公共性を手にする時が来たのではないか。

そのためのポイントとしては、4つあげられる。

第1は、女性の経営参画や社会参画、家族経営協定に関する研修や会議に男性を女性と同じテーブルにつかせることである。

第2は、これまでの人・農地プラン、現在の地域計画及び活性化計画を含む農業・農村振興に関する意思決定の場への女性の参画を促進することである。愛知大学の岩崎正弥教授が指摘しているように、これまで地域農業やむらづくりの意志決定の場への女性参画はきわめて少なく、常に集落や既存の秩序との摩擦葛藤を抱えてきた。逆に、それが故に既存のあり方とは異なるフレキシブルなネットワーク活動をしばしば花開かせている[注9）]。地域計画及び活性化計画などに関して農業委員に期待されるところは大きく、女性農業委員が積極的に参画することが望まれる。

第3は、農業・農村以外の分野の男女共同参画推進の取り組みと連携を図ることである。我が国における男女共同参画の遅れは、繰り返しになるが、基本的にはオールジャパンの課題である。他の分野との連携は、視野を広げ、乗り越えるべき課題が明確になると同時に、他分野での取り組みから学ぶことができる。

第4は、女性農業委員が地域から国レベルに至る農政への積極的提言活動を積極的に行うことである。これからの農政は、市町村農業委員が男女共同参画に基づき積極的に関与していくことが望ましいと言える。

注1）佐藤真弓（２０１８）「第4章家族農業経営における女性労働力の現状と動向」農林水産省農林水産政策研究所編『日本農業・農村構造の展開過程―２０１５年農

業センサスの総合分析―』農林水産政策研究所、p.97-113及びpp.105～112を参照。

注2）澤田守（2013）「家族農業経営における配偶者の確保問題―専兼農家別の比較から―」『農業経営通信』256、農研機構中央農業総合研究センター、pp.2-3など参照

注3）藤井和佐（2011）『農村女性の社会学』昭和堂を参照。

注4）家族経営協定については、五條満義（2003）『家族経営協定の展開』筑波書房及び川手督也（2006）『現代の家族経営協定』筑波書房など参照。

注5）利谷信義（1998）「家族経営協定と川手論文の画期的内容」川手督也『家族経営協定』農政調査委員会へのコメントを参照。

注6）天野寛子・粕谷美砂子（2008）『男女共同参画社会の女性農業者と家族』ドメス出版を参照。

注7）植杉紀子「女性農業者が輝く農業創造のための提言―見つけて、位置づけて、つなげる―」『農村生活研究』64（1）、pp.4～11等を参照。なお、農政における農村女性に関する政策的展開については、川手督也（2012）「農村女性関連施策の展開と家族経営協定」原珠里・大内雅利編『年報村落社会研究48農村社会を組みかえる女性たち―ジェンダー関係の変革に向けて―』農山漁村文化協会及び大内雅利（2017）「農村女性政策の展開と多様化―農林水産省における展開と都道府県における多様化―」『明治大学社会科学研究所紀要』第56巻第1号など参照。

注8）岩崎由美子（2021）「男女共同参画とポジティブ・アクション」『農村生活研究』64（1）、p.1

注9）岩崎正弥（2000）「安城地域における近代化過程の意味―場の変容と再生―」（日本村落社会学会編『年報村落社会研究第36集日本農村の「20世紀システム」―生産力主義を超えて』農文協、pp.99-132）参照。

第4章

女性農業者の活躍と課題
～支援者としての農業委員会の役割に期待～

滋賀大学環境総合研究センター　客員研究員
柏尾珠紀

1 農村の女性たち

女性農業者の活躍が注目されるようになって久しい。農村の女性たちは、三ちゃん農業の時代には世帯主が不在となりがちな農業経営を補完する重要な労働力となり、直売所活動が盛んな時には、地域農業活性化の重要な担い手として活躍した。

農家の嫁をはじめとする農村の女性たちは、その時々に持てる力を発揮してきた。自家農業に携わりながら心豊かに日々を暮らすためには、さまざまな工夫や努力が必要である。

そんな女性の頑張りが家庭を守るための当たり前の行為ではなく、農業者の主体的な行為として評価されるようになるまでには随分長い時間がかかった。現在では女性たちの主体性と、その主体性を支える女性ならではのさまざまな能力が高く評価されるようになった。

例えば滋賀県に暮らす幸子（仮名）さんは、貸農園で若い女性が栽培するカブに似た野菜が気になっていた。丸いカブのようだが、カブの周囲から葉が伸びた野菜であった。聞いてみると、コールラビという野菜で、シャキシャキとしておいしいとのこと。幸子さんも早速作ってみた。

コールラビは生でも炒めても食べることができ、家族や友人たちに好評だった。幸子さんはその野菜について調べ、野菜の紹介と食べ方を書いた紙を付けて直売所に出してみた。すると飛ぶように売れてしまった。

幸子さんは新しい野菜を見いだすきっかけとなった情報網、栽培経験のなかったその野菜を短期間で立派に育てる農業技術、それを直ちに直売所の人気商品に仕立て上げるマーケティング能力のすべてを持ち合わせていたのである。

新しい作物に挑戦する楽しみは、自分だけでなく家族や周囲にも波及効果をもたらす。女性たちはこのようにして日々の食に彩りを添えながら、しかも、ちょっとした追加所得を得る道も切り開くのである。

それは農業に携わってきた経験と技術があるか

らこそ可能なのである。このような暮らしのなかに埋もれている能力や工夫がちゃんと評価されることが女性農業者の活躍には不可欠である。

2 食の担い手としての女性たち

食の安全性や地域性、またあるいは、地産地消や食育という具合に、食はいろいろな面から注目されるようになった。暮らしのなかで食を担うのは女性であることが多いのだが、食を担う人は日々の食を考えることはもちろんだが、無駄なく食べ切ることや、保存することも考えている。

すべてが手作りだった時代、女性は家事労働の傍ら調理をするというように、同時にいくつもの仕事をこなした。日々の食を担うだけでなく、年間の食を計画してみそやたくあんを漬けた。それは段取りと計画性のなせる業である。

また、農村の女性は自然を食に転じる能力にもたけている。採集に携わる男性も多いが、女性は確かな知恵と経験で身近な自然を採集して旬を食卓にあげる。採集食は食を豊かにするだけでなく、季節感が失われがちな現代の食に旬をもたらす。山野草はおなかの足しにならないかもしれないが、心を満たす食である。

調理が便利になり食が多様化した現代において、農村女性たちの出番は多いはずである。というのも、食育や地産地消は彼女たちが実践してきたことそのものであり、安心安全な食は農村女性の得意分野である。農家に生まれ育った加代さん（仮名）は、20年以上前から学校給食に手作りのみそを提供している。

孫が学校で食べていた給食に地元産のものが全くなかったことに疑問を感じた加代さんは、自前のみそを給食に使ってほしいと学校に交渉した。小さな小学校だったこともあり交渉はうまくいった。食育や地産地消が話題になるずっと前である。いまでは女性の加工グループがこの事業を引き継いでおり、地域の子どもたちは変わらず集落のおばあちゃんたちの作ったみそで育っている。

女性たちの食の知恵や技術を生かすためには、人と人、人と組織をつなぐ工夫と努力が必要である。加代さんのように自分から働きかける女性もいるが、多くの女性はそうではない。農業に限らないさまざまな場面で農村女性の知恵や技術を活用するための橋渡し役を望むゆえんである。

3 新しい食を生み出す女性の視点

農村女性の食を生み出す自由な発想は、多くの地域で特産加工品を開発してきた。各地にある特産品は、地元を代表する宝物のひとつであり、農産物の場合、それは農家と地域社会が手間暇かけて作り上げた自慢の商品である。農産物を生産するのは男性かもしれないが、商品にならない部分を有効に活用できるかどうかは女性にかかっているといっても過言ではない。

通常、商品として流通に乗らない農産物は、そのまま近隣にふるまわれたり自宅用に加工されたりする。廃棄されることすらあるだろう。だが、女性は捨てることに消極的であり、なんとかして廃棄せずに食べようと考える。この「何とかして」という女性の強い意志が新しい商品を生み出す原動力なのである。女性は「何とかして」食べようと思うときに、市場にはない自分が食べたいおいしいものを創り出す。また、それをひとつの食として実現させる努力も惜しまない。

いまから10年以上前になるが、滋賀では特産品の梨をドレッシングやケチャップに加工した女性グループがある。また、京都では新規参入したトマト農家の妻が商品にならないトマトをジャムに加工して商品化した。この女性は農外で働く全く農業を知らない女性だった。

どちらも今ではそれほどめずらしいものではないが、開発当時は発想の意外さに注目が集まった。両者に共通していたのは、女性たちが一貫して主導的に商品開発をおこない、男性が支援を惜しまなかった点であり、商品化されたのちも女性たちがその商品を生産する責任ある立場にあった点である。

新しい食を生み出す女性の視点は、農業の経営を多角化するきっかけになることがある。経営の多様化の鍵を握る女性のこのような能力を生かすためには、地域社会のなかで、女性が当たり前に意見を主張することができる雰囲気を整備することであろう。

社会の変化を促進するのは、当該社会の外部からの評価や意見であることも多い。中立的な立場であるが地域社会を熟知する外部者からの働きかけは大切である。

4 直売所活動と女性農業者たち

直売所で活躍する女性農業者は多い。約30年前に直売所や道の駅が創設されたときには、女性農業者が地域活性化の立役者として注目された。大小さまざまな農業経営の意向を反映できるのが直売所のいいところである。小規模な経営を営むことが多い女性にとって、直売所は自分の収入を得るための重要な機会となった。

約20年のあいだ直売所に花などを出荷している美佐子さん（仮名）は、直売所を活用して成長してきたといっていい。直売所での販売で得たお金でさまざまな投資を行い、自分の農業技術を高めてきたのである。

直売所に参加した当初、自分の作る農作物にあまり自信がなかった美佐子さんは、今では自信をもって出荷を行っている。

近年では多くの直売所が後継者の不足に悩まされている。美佐子さんの参加する直売所でも、高齢を理由に参加をやめる人が多い。

しかしその一方で、直売所に出荷したくてもできない若い農業者もいる。小さな借地で新規就農した通勤農業者の奈々さん（仮名）がそうである。借地の近くにも直売所はあるのだが、出荷者は地域内居住者に限定されているため、出荷を希望しても許可されない。作った野菜や加工品は、さまざまな農業者グループが主催するイベントや振り売りで販売する。そのため、販売に多くの時間を割かざるを得ないのである。直売所に生産物の一部を出荷することができれば、生産にもっと力を入れることができるという。

女性の農業者が育成される機会が少ないなか、美佐子さんの事例が示すように、直売所は女性農業者を成長させる側面を持っている。直売所に参加することで、市場の動向を知るとともに、消費者や生産者と交流を深める機会も得られ、販売の時間も節約できる。直売所は地元の農業者を支援し育てると同時に、農業者と消費者、農業者同士の交流の場を提供してきた。

さらに直売所は奈々さんのような地縁がない小規模な経営を育てる場にもなり得ないだろうか。多様な農業者が参加できる直売所があればいいと思うのである。

5 農家民宿の発信力

農業、農村の魅力を存分に味わうことができるのが農家民宿である。農家泊は、農村を「遠くにある」場所から「知っている」場所に変え、農業と農業を営む人々を「身近なことと人々」にする機能も持つ。

農家民宿を切り盛りしているのは女性であることが多い。農家民宿を始めて5年になるたみさん(仮名)は、訪問客を受け入れることを楽しみにしている。農家民宿を始めた当初は、訪問客が何を求めているのかわからず戸惑うこともあった。訪問客は田舎でのんびりしたくてやってくると思っていたからである。だが、訪問客は年齢に関係なく畑が見たいという。とりわけ若者たちは畑に着くと喜々として、農作業や収穫作業をしたがる。もう家に帰ろうといってもなかなか畑から帰ろうとしない。たいていの訪問客は収穫する喜びに取りつかれてしまう。そうした人たちとの交流で気付かされる農業や地域の良さもある。

たみさんは、農村の外に暮らす人々の目をとおして自分の暮らし方を捉え直し、あらためて農業の楽しさや自分の暮らしのいいところを認識している。もちろんそれだけではない。夫と一緒に訪問客をもてなし、いろいろな地域の文化に触れる楽しみもある。夫婦で同じ目的に向かって一緒に何かをする喜びを久しぶりに感じている。

グリーンツーリズムで農村を訪れる人々のニーズはさまざまである。そんな多様性にこたえることができるのが農家なのだ。田舎を知らない都会の子どもたちに農業体験をさせてくれる農家もあれば、のんびりできる農家もある。被災地では、自らも農業復興に携わりながらボランティアのための宿を提供する農家もある。近年では海外からの訪問客やそのリピーターも増加傾向にある。

農家民宿はまだまだ多様な可能性を秘めている。例えば、耕作放棄地を活用した宿泊を伴わない農業体験の受け入れなどである。地域の他の組織と連携すれば高齢者福祉や障害者福祉に対応することも可能だろう。農業委員会はそうした場合に、農地の仲介者としての役割を果たすことができるかもしれない。

6 農村の女性ネットワークとその底力

農村女性のお付き合いの範囲はとても広い。地域の婦人会や子どもを介した知人、農業関係の仲間など属性の異なる人々と幅広く関わるからである。そんなお付き合いの範囲は、地域内にとどまらないことが多い。全国的な女性農業者の集会に参加する女性もいれば、視察先の農家と長く付き合いを続ける女性もいる。このようなネットワークは、暮らしや活動を豊かにする。

例えば、近隣では言いにくい悩みも遠方の知人には相談できる。また、農業者同士ならば気候や風土が違うことで相互に学び合うこともできる。おしゃべりを楽しんでいるだけにみえるかもしれないが、農業のことから暮らしの役に立つこととまで、いろいろな情報がお付き合いのネットワークを通じてもたらされる。日常的に広い視野で教育機会が提供される男性とは違い、女性はこういう場を活用して見聞を広めるのである。

また、女性の広域ネットワークは、人と人を結びつける機能を果たすこともある。加工グループの後継者を探していた春さん（仮名）は、県内各地から女性農業者が集う会に参加している。あるとき、春さんは後継者探しで困っていると悩みを打ち明けた。すると、同席していた女性が春さんの地域に嫁いでいる娘を紹介してくれたのである。

その娘さんは子育てが一段落し、何かしたいと思っていたところだったという。農産物の加工に興味を持っていたこともあり、うれしいことに、友人を伴って参加してくれることになった。双方をよく知る人物が仲介したことから、話はトントン拍子に進んだ。頼れる次世代をむかえて、春さんのグループのメンバーに活気が出たという。

農村の女性ネットワークは知識や情報をもたらすだけでなく、春さんの例のように、必要な時に人と人を有効につなぐこともある。そして、こういったことが暮らしや女性たちの活動をより豊かにするのである。農村女性たちのネットワークがもっと拡充されるためにも、女性農業者が情報を共有し学び合う機会が、少しでも多く提供されることが望まれる。

7 農業女子への注目とその課題

農業を仕事として選択する女性が少しずつだが増えてきた。農業女子である。2013年に始まった農林水産省の農業女子プロジェクトから普及した呼称である。新規就農を目指す若い女性をターゲットに、行政支援や地域プログラムが提供されるようになり、ユニークな経営が数多く生み出されてきた。

そんな農業女子には、会社勤めをやめて就農していた女性もいれば、友人と一緒に農園を始めた女性や、夫婦で農村部に移住して農業を始めた農業者もいる。経営の内容も野菜作りや加工品製造のための農業生産、酪農と乳製品加工の両立やレストランを併設した経営など、実に多様で興味深い。いずれの経営にも共通するのはビジネス志向が強い点である。新規に参入する若い女性の農業経営は、経営の目標と目標達成のための経営戦略が明確なのだ。

農業女子たちの農業は自己実現と商品作りを目指すものである。既存の概念にとらわれることなく、自分の商品を販売するイベントを企画することもある。そんな経営が農村地域に新しい農業ビジネス像を指し示す可能性は大きい。農業女子は多様な農業発展の可能性を握る存在なのである。彼女たちを育成することは、地域農業の将来を展望することにもつながる。

農業女子の農業が地域に根付くために必要なことは二つある。一つ目は経営のための技術支援や情報提供と地域社会で生活を構築するための社会的な支援である。夫婦で参入する場合は互いに相談して試行錯誤しながらともに歩むこともできる。だが、未婚女性の場合は、結婚や子育てにより経営そのものが一変する可能性がある。ライフステージに合った実質的で持続的な支援が必須なのである。

二つ目は、農村地域の意識改革を進めることである。若い農業女子たちの経営を遠巻きに見守るだけでなく、積極的に関わることで、地域社会の将来を担う農業者として育成してほしいのだ。

地域農業の歴史と土地をめぐる社会関係を知る農業委員会は、農業女子が地域社会へ溶け込むための強力な支援者となるはずである。

8 女性農業者の交流の必要性

女性農業者や農村女性たちの交流会活動や研修会活動はもっと活発であってよい。かつては、農村女性が集う行事が頻繁に催され、多様な課題に対応したものである。そうする必要があったからである。それらは、制約条件があるなかで女性が生き抜くための生活技術はもちろんこと、いろいろな作物の採種や育成のための農業技術の情報交換の場にもなっていた。もちろん、女性農業者が学び交流するための機会が現在ないわけではない。例えば、県などの行政組織もさまざまな研修会や交流会を開催している。

しかしそうした研修会には、後継者の男性や世帯主が各地域の代表として派遣されるため、女性は農業で学び交流する場に参加することがほとんどない。男性の参加者が地域内に不在の場合でも女性を派遣することはないのが現状である。強く希望すれば研修会や交流会に参加できるだろうが、それもはばかられる。野菜農家の若嫁であり、女性農業士の資格を持つ清美さん（仮名）は、そんな状況を打開した一人である。

サラリーマン家庭に育ったこともあり、農業の話ができる友人がいなかった清美さんは、県外の研修会をはじめ多様な会合に参加して、多くの農業者と知り合いになった。研修会では、茶農家やトマト農家の技術や工夫を学び、会合に参加したことで、自家の農業とは違うさまざまな農業経営を知る機会を得た。

交流会では、加工を手掛ける意欲的な女性から刺激を受け、将来の計画を立てることもできた。同じ農業者として、互いのやりがいと苦労を語り合う中で、自家の農業の良いところや改善点にも気づくことができたという。交流の輪はその後も継続し、他地域の農場の見学にもみんなで出かけた。交流会で知り合った近隣の農業者と連携して始めた直売活動は好評を博した。

男女を問わず異業種の農業者同士の交流がもたらすのは、多様な農業への相互理解や連携の可能性であり、同業種の交流がもたらすのは、技術的な発見や多面的な相互支援の可能性や共感であるという。清美さんの経験が物語るように、女性農業者が公的な研修会や交流会で得るものは大きい。自分の農業経営を相対化できるだけでなく、情報交換により技術を高めることができるのは明らかである。こういったことは女性たちの経営をさらに強化する基盤になるだろう。

現代的な感覚で農業を営む女性農業者たちが、公的な研修会や交流会に当たり前に参加できるようになれば、将来を担うリーダー的な女性農業者が育成される可能性も広がる。男性農業者と同様に女性農業者にも、他の農業者との交流の機会が与えられなければならない。女性農業者や女性の地域リーダーを育成することが現代的な課題であることを地域内で認識し、そのための幅広い支援を提供することが急がれる。

9 稲作農業の機械化と女性農業者

農業が機械化される以前、女性は田植え労働の重要な担い手であった。早くうまく苗を植えることができれば、多くの農家から声がかかった。90歳になるタキさん(仮名)は、村外からも雇用されるほどの田植え上手だった。小学校の高学年から田植えの手伝いを始めたというタキさんの田植えにまつわる思い出話を紹介しよう。

田植えは、女性がみんなに注目されるハレの日だった。だから、娘時代は田植えが始まる前にお気に入りの田植え着を修繕して田植えに備えたとタキさんはいう。しかし、一日中はだしで泥水の田に入り、かがんだ姿勢で苗を植え続ける仕事はつらいものだった。田植えが始まった最初の一週間は身体が痛くて夜も寝られなかったそうだ。水の冷たさで足がしびれてつらかったため、田植え靴が発売されたときは本当にうれしかったとおっしゃる。

田植え作業では女性が中心となって段取りを差配していた。タキさんの家では、父親が毎日タキさんに田植え作業の段取りを相談した。必要な人手の数や所要時間はもちろんのこと、田植えではあらゆることがタキさんたち女性の判断に委ねられていた。田植え技術の高さが正当に評価され、部分的とはいえ、女性が農業の担い手として重視されていたことが、タキさんの話からはうかがえる。田植えの際に村外の農家で雇われれば現金収入を得ることもできた。それは自家の家計にも貢献したはずである。

田植機が導入されると、女性の技術の高さを発揮する場は失われ、田植えにおける女性の地位は低下した。また、機械が大型化するにつれて、機械を操作する技術が男性に集中するようになった。機械の操作に携わることがなかった女性の多くは徐々に稲作から離れ、自家用の野菜や花を庭先で栽培するようになった。女性たちは野菜や花を育てる技術を磨いた。稲作から離れたタキさん世代の女性農業者たちはその後、地域農業振興の核となっていく直売所活動で大いに活躍することになったのだ。

いまから振り返れば、稲作農業の機械化は女性農業者が主体的に多様な経営を展開するための基礎となったといえるだろう。作物を育てる技術に誇りをもって農業を営み、農業の担い手として男性同様に活躍する女性がますます増えていくことを期待したい。

10 女性地域リーダーの大切さ

近年は、若い女性が農業を仕事として頑張る姿が新聞やテレビなどに頻繁に取り上げられるようになった。また、新規就農する女性農業者の暮らし方に共感する若者の集いも多くある。しかし、男性と同様に女性農業者の数も近年は著しく減少している。

他方で、女性の農業委員や農業協同組合、土地改良区の役員は増加している。農業委員に就任した政子さん（仮名）は、委員として会議に出席する中で、自分の暮らす地域で農地が大きく減少していることを知り愕然とした。政子さんの家では米と野菜を作り、政子さんは主に野菜の収穫を手伝っていた。彼女は、地域の農業のことを考えるのは、夫や実家の父の仕事と思っていた。

だが、政子さん自身が農業委員になったことで、社会的な資源である農地と地域農業の将来について、改めて考えるようになった。また、女性の声を会議の場に届けるという自分の重要な役割にも気づいた。地域の責任ある役職に就くことで、一気に農業に対する向き合い方が変わったのである。

地域社会のなかで男性は若い頃からこのようにして段階を踏みながら育成されてきた。女性は、男性とは異なる目線で地域農業の可能性やそのための課題を見出すことができる。大規模な経営も大事だが、小規模な経営こそきめ細やかな支援が必要だとわかる。そういった経営のほとんどが女性や高齢者が営む農業で、支援から遠い経営かもしれないからだ。

これらの経営が存続することは地域農業の将来を左右するかもしれず、なかでも女性の経営は可能性を秘めている。米でも野菜でも果樹でも花作りでも経営の内容にとらわれず、また、規模の大小にかかわらず、あらゆる多様な農業経営が地域のなかにあることが望ましい。小さな地片を意欲的に活用する女性たちの経営がある一方で、従来型の大規模な稲作経営もあるような多様性が地域内にあることが、今後はもっと重要になってくるだろう。

そう考えると、農業者として活躍する女性を育成する支援や、多様な農業者の声を意思決定の場に届ける女性の地域リーダーを育成する支援は重要だ。現代的なニーズに合致した農村女性や女性農業者の声を拾い上げて、政策立案や技術開発の場に届けることができる女性の地域リーダーは一人でも多くいることが望ましい。

女性たちの活躍が地域の暮らしを豊かにする。このことが正当に評価されることを期待してやまない。

11 女性農村コーディネーターがつなぐ農業者たちの声

農業者同士のネットワークを広げて仲間作りを仲介する、あるいは、資格取得の支援をすることもあれば、地域農業のデザインやビジョンを作成する手伝いもする。そんなふうに地域の農業者を支援する女性の農村コーディネーターがいる。彼女は農業の現場を見て支援の政策を考える公務員であった。政策的な支援は地域の農業を維持するために必要だ。しかし、各地の農村の現状を見るうちに、農業や農村の喫緊の課題に対応するためには、現場のニーズを拾い集めて支援へとつなげるために動ける人材が必要だと痛感した。彼女は農村でコーディネーターとなり、多面的な支援を提供することを仕事にするようになった。ときには地域のいろいろな役員と連携する。

例えば、補助金の申請書類ひとつを取り上げても、煩雑で複雑であるため農業者は二の足を踏むことが多い。彼女は、農業者と農業者をつなぎ、農業者と行政やいろいろな専門家をつなぐ。ときには農業者の資格取得も支援する。必要な情報を入手して伝えるだけでなく、地域に埋もれがちな情報を広く発信する。不案内であったGAP認証の取得についても、自らが学び農業者の取得へと導いた。彼女は求められれば老若男女を問わず広く関わりを持つ。農業者ではないが、こういう人材も女性リーダーといえる心強い存在である。

女性農業者が「たいへん」と思っていることは多くある。しかし、どういう理由でたいへんなのかを知ることや共有することは、とても重要であるにもかかわらず難しい。たとえば、最近まで農業機械は女性による操作を想定して設計されてこなかった。このため、女性の体格では扱いにくい機械もあった。だが、近年ようやく、女性用の農業機械やアタッチメントが開発されるようになった。それらは女性にも容易に操作できるように小型化されるなどしている。

こうした技術開発の背景には、農業女子たちの意見交換会での活発な議論があった。もっとも、近年では技術革新によって農業機械が遠隔操作できるようにもなってきた。農業をするには男性並みの力がなくてはいけない、というのではなく、女性であっても男性であってもできる農業にするための発想の転換が必要だ。また、新しい技術を女性農業者も対等に学べる機会を提供することや、それに対する意見を述べる機会を増やすことが求められる。

農業者の高齢化や若手女性の新規就農など場面は多様である。現場の課題を解決し、農業のある地域の暮らしをより豊かにするためには、必要な情報を提供すると同時に、地域からの情報を広く発信し、人と人を的確につなぎ、声を届ける場へ人をいざなう仲介者が必要である。女性の農業委員をはじめ、彼女のような地域の女性リーダーはこれからもっと重要になってくるだろう。

第5章　農業委員会における女性委員の登用促進と活躍

全国農業委員会女性協議会事務局（全国農業会議所 農地・組織対策部）
佐藤陽平

1 女性委員の登用の状況

農業委員会は総会での議決権を持つ農業委員と、主に現場活動で円滑な農地利用を支援する農地利用最適化推進委員で構成されており、両委員を合わせ約4万1000人が全国で活躍している。このうち女性の委員は2021年度末時点で、農業委員が2866人（農業委員の12・4％）、推進委員が559人（推進委員の3・2％）となっており、女性の参画が十分に実現できているとは言えない状況にある。

2020年に閣議決定された第5次男女共同参画基本計画では、農業委員会に対し二つの目標を設定している。一つは2025年度までに女性農業委員の割合を30％とすること。もう一つは同年度までに女性農業委員が一人もいない農業委員会をゼロにすることだ。30％目標に対する達成度は半分にも満たない状況で、農業委員会における女性の登用は文字通り道半ばとなっている（表1）。

（表1）委員に占める女性の割合

	2015年度	2021年度
農業委員会	1,707委員会	1,702委員会
農業委員	35,604人	23,198人
女性農業委員	2,636人	2,866人
女性農業委員（割合）	7.4%	12.4%
女性農業委員がいる農業委員会	1,212委員会	1,449委員会
農地利用最適化推進委員	−	17,669人
女性推進委員	−	559人
女性推進委員（割合）	−	3.2%

※現在の農業委員会数は1,696委員会

しかし、全国農業委員会女性協議会（横田友会長＝埼玉県秩父市農業委員会会長職務代理者）の事務局を預かる立場としては、「ようやくここまで来た」との感慨もある。

2015年に農業委員会法が改正され、農業委員の選出方法の変更（公選制から議会同意を要する市町村長の任命制へ）や推進委員の新設といった大きな制度改正がなされた（施行は2016年4月）。

改正前は法律で定められた議会推薦の枠を使って女性農業委員の登用を進めていた市町村が多

かったが、改正により議会推薦枠はなくなり、農業委員の過半数は認定農業者という新たな要件も追加された。女性の認定農業者は夫婦共同申請を含めてもまだまだ少数であり、当時、これらの制度改正は女性登用のブレーキになると懸念された。

そのため、各地の女性農業委員や女性の農業委員会組織は市町村長や議会、農業委員会会長、地域等に女性委員を増やすように働きかけを行った。その結果、制度改正で農業委員の総数が1万人以上減った中にあっても、女性農業委員の人数は従前より100人以上増え2655人となった。農業委員に占める女性の割合は11・8%となり、改正前から4ポイント以上アップした。

その後さらに女性委員の人数を増やしてきたが、増加の原動力となったのはやはり現職の女性農業委員を中心とした草の根的な働きかけだ。農業委員の任命権者である市町村長へ、推薦母体となる地域の農業団体へ、議会や農業委員会へ、さらには女性が立候補しやすいように地域や家庭へと女性登用の火を絶やさないように理解を求めて回った。

こうした地道な働きかけとともに女性登用を後押ししたのが現職の女性委員による多様な取り組みだろう。男性委員と同様に農家の相談対応や農地の見守り等を行いながら、「食育活動」や「婚活」さらには、「ファッションショー」、「農産物のPR」等の農村を勇気づけるイベントを積極的に企画しており、このような取り組みを通じて地域における女性委員の存在感を示している。

全国農業新聞に掲載された事例を紹介したい。

事例1　高知県黒潮町農業委員会

黒潮町農業委員会（吉尾好市会長）では、女性農業委員の松本昌子さんを中心に、子どもたちへの地場野菜のPRや農業の大切さを教える食育活動を行っている。

活動は2008年に始まり、当時の女性委員の

提案がきっかけ。12年からは町内8校の小学校を3年かけてすべて回り、JA女性部の協力を得ながら、子どもたちと町内の農産物や海産物を使った長手巻き寿司やサラダなどを作っている。

2月10日の三浦小学校（全校児童32人）での活動では、吉尾会長のほか、女性農業委員5人と事務局、JA女性部員4人が参加。調理を担当する5、6年生を交えた自己紹介の場で、松本さんが「食材は町内で取れたものがほとんど。野菜作りには畑が必要だが、作られなくなった畑が増えている。その畑を耕作放棄地というが、今日はその言葉だけでも覚えてもらいたい」と話した。

調理した具材と酢飯は、並べた机の上の巻きすに置き、全校児童で一斉に巻いた。でき上がった寿司の長さを計測し、「18ｍ」との発表に児童から歓声が上がった（写真）。

昼食後、児童全員に「記録18ｍ」と記した認定書を授与。また、東日本大震災で被災した小学生の作文を紹介し、農業と食べ物の大切さを伝えた。吉尾会長は「学校や児童からの喜びの声が大きい。要望がある限り続けていきたい」と語った。

（全国農業新聞　２０２３年３月３日付）

事例2 鹿児島県曽於市農業委員会

鹿児島県の曽於市農業委員会女性部会（末鶴ひとみ部長）は２０２２年11月27日、市内で「スタイリッシュ農業ファッションショー」を開催した。目的は、農業に対する〝３Ｋ〟（きつい・汚い・

危険）のイメージを〝新3K〟（感動・かっこいい・稼げる）に変えること。会場には約550人が来場し、拍手で会場を盛り上げた。

同市農業委員会には、農業委員と推進委員を合わせた38人のうち、県内で2番目に多い7人の女性が在籍する。2021年、女性目線での活動を行いたいと同部会を設置。農業のイメージを明るくしたいと話し合う中で、今回の企画を立ち上げた。準備には半年以上かけたという。

当日は「明るくおしゃれで機能性にとんだ仕事着を身に着けて輝いているモデルさんの姿をここにいる皆さんと共有し、農業のイメージを変えるきっかけになればうれしい」との末鶴部長のあいさつを皮切りに、イベントが始まった。ファッションショーのモデルを務めたのは同市農業委員や市内の農業者、新規就農者、曽於高校の生徒・教職員など約30人。きらびやかな照明とポップな音楽の中、ランウェイを歩き、モデルさながらにポーズを決めていった。末鶴部長も同市農業委員会の

山口裕之会長とともに登壇し、会場を沸かせた。

衣装も参加者自らが、選んだ。協賛企業のワークマンプラス都城上川東店、同都城妻ヶ丘店に足を運び、おしゃれだけでなく、「農家ならではの」機能性も重視。ショーの中でも、実際に仕事をする際にメリットになる点も解説された。ウオーキングや姿勢矯正、舞台メークなどの指導を受け、〝魅せる〟ための努力をそれぞれが続け、当日を迎えたという。

モデルとして登壇した市内で繁殖牛と水稲を経営する鳥丸義誉さん（31）は「新たな試みはいいこと。『スマート農業』も普及しだし、農業のイメージは確実に変わっている。自分自身も新たな挑戦を続けていきたい」と笑顔で話した。

当日の準備や運営には、曽於高校の生徒らがボランティアとして協力。商業科の生徒らが実施したアンケート結果からは「新しい作業服がとても参考になった」「楽しく仕事ができそう」「次回も開催してほしい」など好評ぶりが伺えた。

末鶴部長は「このイベントが農業のイメージアップにつながれば。今後も別角度から農業振興につながるようなイベントを企画したい」と振り返った。

（全国農業新聞　２０２３年1月13日付）

2 女性の強み様々に発揮

女性委員の存在はこうしたイベントの盛り上がりにとどまらず、さまざまな面で農業委員会を活性化させている。その一つとして挙げられるのが、議論の多様化だ。農業委員会は毎月総会を開き、申請があった農地の権利移動や農地転用、管内農地の状況等を議論する。地域農業の行く末に影響する議題も多いため、緊張感のある堅い会議となりがちだが、女性農業委員が増えると会議が和やかになり、若手委員や女性委員も物おじせずに発言するようになることが指摘されている。

女性に特徴的である共感力も発揮されている。農業委員には農業者や農地の相続人等から多くの相談が寄せられる。地権者と耕作者の間等でトラブルが発生した際には、仲裁に乗り出すこともある。その際に求められるのが「聞く力」だ。相談者の話を親身に聞き、一緒に答えを見つけていく姿勢が何より求められるが、こうしたことを自然とできる人が多いのが女性の強みだろう。

女性の情報発信力も農業委員会の活動を活発にしている。農業者年金や農地中間管理事業等の制度は農家でもまだ詳しく知らない人がいる。農業委員会では集落座談会や農業委員会だより等を通じて情報提供に努めているもののすべての農家に情報を行き渡らせるのは容易ではない。しかし、女性委員は男性委員にはない人脈やチャンネルを多数持っており、従来の方法では届かなかった人たちにも情報を行き渡らせることができる。

反対に情報を収集する際にもこの人脈やチャンネルが生きてくる。農家の意向だけでなく、配偶者や後継者の意向等にも通じており、老若男女幅広く地域の声を拾うことができる。女性委員が丁寧に集めた女性農業者の要望を市町村長等への要請に生かしている農業委員会も増えており、こうした点においても男女共同参画社会の実現を後押ししている。

2023年4月に施行された改正農業経営基盤強化促進法により、地域農業の設計図である人・農地プランが「地域計画」として法定化された。農業委員会は地域計画の核となる目標地図の素案作成や地域の話し合いへの参加等により地域計画の策定に協力することとなり、委員はより地域に入り込んで活動することが求められている。女性委員に特徴的なコミュニケーション能力や共感力が発揮される機会はこれまで以上に増えていくだろう。

事例3 愛媛県大洲市農業委員会

大洲市農業委員会（幸野登吉会長）では、2016年の農業委員会法の改正以前から女性登用の意識が高く、議会からの推薦4人は全て女性が占めていた。法改正後初めての改選では、「旧選挙区の5地区から少なくとも1人は女性委員が確保されるようにしよう」と農業委員会で確認し、各地区内の自治会に積極的に働きかけを行ってきた。こうした取り組みにより6人の女性委員が登用された。今期においても6人（農業委員、推進委員とも3人ずつ）が登用されており、農業委員、推進委員ともに女性の登用率が15％を占めるのは、県内でも同市のみだ。

幸野会長と女性委員の皆さん

幸野会長は、「女性の雑談力や聞く力はすごい」と驚きをあらわにする。「農業委員、推進委員は地域の相談役でもあるが、やはり男性だと堅い話になることも。その点、女性は日頃の何気ないコミュニケーションから、新規就農者や地域の担い手たちの〝ちょっとした困りごと〟を聞くことがあり、農地のマッチングなどにつながることもある」と話す。

また、女性が複数いることで、会議全体が和やかになり、誰もが発言しやすい環境になっているという。女性同士の気軽なおしゃべりが、肩肘を張らず、意見を出し合える雰囲気づくりにつながっており、定例総会や運営委員会では女性委員からも積極的に発言が行われている。

来年7月には3期目の改選を控える中、事務局職員は自治会長などに推薦依頼と女性登用促進について依頼を進める。一方で、現在の委員には一人一人と面談を実施。女性登用について説明するほか、委員会活動を通じて感じた問題や課題のヒアリング、委員継続の意向確認を行った。特に、女性委員が退任を希望する場合、後任候補の情報提供を依頼するなど、女性委員確保に向けた働きかけを行っている。

久保正人事務局長は「まずは、農業委員会がこれまで以上に女性委員を増やしていこうとする熱意を現職委員や自治会長、担当職員に伝えていかないと、女性委員数を維持していくことも、増加させていくことも困難だと思う」と話す。

幸野会長は「女性が多数在籍している方が女性も入ってきやすいと思う。6人の女性委員数は堅持しつつ、さらに女性が参画しやすい組織にしたい」と女性登用促進への意気込みを話す。

（全国農業新聞　2022年11月18日付）

3「家庭」と「地域」の理解促進

我々全国段階の組織の他、現在、42府県に女性の農業委員会組織がある。各組織では、女性候補者の掘り起こしや地域での理解促進等の女性委員の登用促進を進める一方で、農業委員・推進委員となった女性同士が学び合い、交流できる場を提供することにも力を入れている。女性の委員は市町村内においてはまだまだ少数派であり、市町村の枠を超えた交流の場は必要不可欠である。夢や希望を本音で語り合い、時には愚痴をこぼしながら、英気を養う拠り所として機能している。

全国農業委員会女性協議会でも毎年研修会とシンポジウムを開催しており、会場ではあちこちで全国の仲間との再会を喜び合う姿が見られ、学びだけでなく繋がりを再確認する場として活用されている。こうしたことが委員を続ける楽しみやモチベーションにも少なからず繋がっているようだ。

全国と各府県の組織でこうした活動を続けてきたところであるが、今後、女性委員の割合を増やすためには女性委員や女性組織だけが頑張っている現状を変える必要があると感じている。具体的には、「家庭」と「地域」が女性登用を後押ししてくれる環境を作らなければならない。

まずは家庭の理解である。家事、育児、介護、地域活動等、農村部の女性は本業の農業以外にも多くの仕事を抱えている。家族の理解と協力がなければ、これ以上仕事を増やそうとは決して思わないだろうし、家族から協力を約束されても自ら遠慮してしまうこともある。「家のことは心配いらない」と家族が背中を押してくれることが第一ステップとなる。

第二に地域の理解だ。農村部の女性の日常は地域と密接に繋がっている。その地域の代表でもある農業委員は男性がなるべきだという誤った認識はいまだに残っており、女性が農業委員に立候補することは本当に勇気がいることである。女性が立候補するのを当たり前なことと受け止める地域の風土づくりも大事になる。

こうした課題を少しでも解決するため、全国農業委員会女性協議会では2022年に「家庭」や「地域」の機運醸成に力を入れた。男女共同参画の必要性を訴える動画を作成し、すべての農業委員会に配布。同時に女性候補者に向けたチラシも作成した。農業委員会の活動や役割を知ってもらい、身近な組織であると認識してもらいたいとの思いからである。

また、2022年12月1日に開催した全国農業委員会会長代表者集会において、横田会長より女性委員の登用促進に向けた決意表明を行い、全国の農業委員会会長へ2023年の統一改選で女性委員を増やすように後押しを呼びかけた。

2023年は全国の約7割の農業委員会が改選を迎える。女性の委員を増やすまたとない機会であり、3年に1回の「勝負の年」である。一人でも多くの女性委員が誕生し、各地で活躍することを心から願っている。

第6章

未来へ繋ぐ　活躍する女性委員

～女性の農業委員会活動推進シンポジウムより～

２０２３年３月９日に都内にて開かれた「第18回 女性の農業委員会活動推進シンポジウム」の基調講演と事例報告の概要を全国農業新聞の連載記事「未来へつなぐ 活躍する女性委員」（全４回・２０２３年５月５日付から５月26日付）によりお伝えする。

1 新潟県柏崎市　水野美保農業委員

今回の取り組みは、私が担当する中鯖石地区の営農意向調査の回答内容に目を通したところから始まります。農業委員会が２０１９年に行った調査ですが、調査対象に農地の出し手と受け手が混在していたためか、現状との多少のズレを感じました。

そこで、地区10集落の総代会の定例会に出席し、担い手などの実際の耕作者を対象に、地域独自の意向調査を行いたいと訴えたところ、各集落の協力をいただき、対象者の約95％から回答を寄せてもらうことができました。

この地区では、07年の基盤整備をきっかけに農事組合法人が誕生。14年には二つの生産組合が設立されています。

以前は、自作地であれ借地であれ、その農地の耕作者が周囲の道・川・堤などを個別に、または、共同作業で保全・管理することは暗黙の了解でした。しかし、農家が減少し田んぼや畑から人が離れると、共同作業への参加者も減り、地域の環境保全にも支障が出てきます。

独自の意向調査の結果から、現在の耕作者の考えも踏まえて再度総代会に出席し、いくつか提案しました。▽組合・法人・個人の区別なく地区全体で協力体制を作れないか▽現状や問題などを共有するために、年に1、2回地域全体の耕作者に呼びかけて話し合いの場をもてないか――などです。出席者から「この先も農業委員会が話を引っ張ってくれるのか?」との質問がありましたので、「今は農業委員としてこの場にいますが、地元の一耕作者としてこの取り組みにはずっと真剣に関わっていきます」と答えました。

まずは話し合いの場をと、組合と法人の代表者の方々からお集まりいただき、次いで若手耕作者や組合・法人の構成員の方々に加わっていただきました。継続してこうした機会を設けることで、集落を超えて連携が取れるようになればと考えています。個人的には、非農家の方も話し合いに参加していただけるようになるといいなと思います。もしかしたら、就農希望者が身近にいるかもしれません。農業の問題を地域の皆さんと一緒に考えていきたいです。

農地を守ることは地域を守ること。その先へ、この風景が続くことを願って、10年、20年、まずは私たちの世代がもうひとがんばりです。

2 熊本県山都町 門岡和美農業委員

九州のほぼ真ん中「へそ」にある熊本県山都町は、水稲や高原野菜の栽培が盛んです。町は化学肥料や農薬に頼らない有機農業に力を入れていて、2023年2月時点で有機JAS認証事業者が51となり、「有機農業全国ナンバーワンのまち」となっています。

私は水稲3・8ヘクタール、栗1・8ヘクタール、シイタケや露地野菜などを経営しています。嫁いで50年近くたった時に委員の声が掛かり、引き受けてから3期目になります。同町農業委員は19人、うち3人が女性。農地利用最適化推進委員は28人です。

◆活動体制

活動は（一社）熊本県農業会議の提案する「くまもと農業・最適化推進運動」に基づき、同じ地区を担う農業委員と推進委員が連携して取り組めるように最適化実践チームを編成して行います。

私は清和地区に所属し、もう一人の農業委員と推進委員4人で活動しています。地区は圃場整備率が低く、狭小な農地が多いところです。「先祖から受け継がれた農地は荒らせない」との強い意識のみで守られている農地が相当数あります。

遊休農地の発生防止・解消には早期に所有者に耕作を働き掛けたり、借受者を探すことが必要です。そこで、農地の利用状況や農家の実情を把握することが活動の第一歩と考え、現場でのきめ細かな点検・相談を強化することにしました。

◆農業委員の活動

委員は、現場に精力的に足を運ぶ必要があります。有機農業に興味を持ち町外から移住し、新規参入した若者が増えています。奮闘する新規就農者との巡回での会話は、楽しいものです。訪問先に必要な情報を提供することも重要な任務です。活動での財産は、農地の貸借や売買で相談を受けた際、即座に相手方が浮かぶようになったことです。私がこうした情報を取り込めたのは、足で稼いだ積み重ねの結果だと思っています。

◆活動記録の記帳

委員や委員会活動の見える化に結びつく記録の記帳は必要です。

活動を記録し、振り返っても担い手が多く育つわけではないし、増加した遊休農地が一掃されるわけでもありません。一委員としてできることは限られています。

しかし、地道な委員活動を公的に評価してもらうためには、日々の活動を記録として残すべきでだと思います。

それぞれに抱える課題や個別の問題案件を引き継ぐ上でも記帳の必要性を感じます。頼りになる委員をめざし、ベテラン委員には新任委員への良きアドバイス役になってほしいです。

3 鳥取県鳥取市　山本暁子推進委員

皆さん、eＭＡＦＦ農地ナビをご存じですか。聞いたことがある方は多いと思いますが、実際に活用している方は少ないのではないでしょうか。

鳥取市農業委員会では現在、この農地ナビの活用を進めています。さまざまな機能を活用し、農地利用の最適化を推進することが目的です。

農地ナビは農業委員会が整備している農地台帳の情報と農地の地図を、インターネット上で公表しているサイトです。インターネットにつながっていれば、スマホからでもその場ですぐに農地面積や権利関係などの情報を確認することができます。また、地図機能を使えば、鳥の目線で農地を確認することができます。農道の整備状況など、現地に行かずにある程度確認ができるわけです。

農地ナビは一般に公開されているものですが、農業委員会活動にも大いに役立ちます。農地は地図上で筆ごとに表示されるようになっており、その筆を耕作者ごとに色分けすることができます。この一目で耕作者が判別できる地図があれば、農地の集積・集約化を進めていく上で、自宅で戦略を練ることもできますし、集落で話し合いをする際にも活用できます。

また、全国すべての農地の情報を検索することができるのも大きな利点です。農地を探している耕作者が、今借りている農地の周辺で借り手募集中の農地がないかを探したり、就農相談会で相談者が希望するエリアの農地の状況を確認したりすることもできます。つまり、農地の利用調整をする際に役立つのです。

これだけ便利な農地ナビを活用しない手はありませんが、私が農地利用最適化推進委員になった当時、多くの委員は存在を知っている程度でした。そこで濱田香会長に相談し、総会後に研修会を開きました。「スマホは電話しか使わない」という委員もいましたが、研修会後には参加した委員が積極的に農地ナビの活用を試みるなど、大きな効果がありました。

研修会を成功させるためのポイントは「一度ですべてを理解してもらう必要はない」ということを意識することです。まずは概要を知ってもらい、そこから徐々に使っていければよいのです。

最後に、農地ナビの活用にあたって大事なことがあります。それは、農業委員会内だけでなく、新規就農希望者など農業者へ広く知ってもらい、活用してもらうことです。農地利用の最適化を進めるためには、農業者の協力が不可欠です。女性がもつ発信する力を大いに活かしていきましょう。そして、農地ナビを活用して農地利用の最適化を推進していきましょう。

4 東京農業大学　堀部篤教授

さまざまな場で、女性の活躍への期待が語られる。そこで、誰が何を期待しているかは、必ずしも明確ではない。女性は、このあいまいな期待にどこまで応えないといけないのだろうか。期待は、裏を返せばプレッシャーでもある。従来、農業委員のほとんどは男性だった。農業委員は、男女共同参画において地域の主要な指標とされており、女性の登用や活躍が期待されている。そして実際に、女性の農業委員は増え、女性委員が登用されていない農業委員会は大幅に減少し、また、各地の目覚ましい活動は周知の通りである。

2011年から14年のデータを基にした共同研究（高山太輔氏、中谷朋昭氏と共著）では、女性農業委員が増加した農業委員会では、遊休農地面積の減少や、農業者年金への加入者増加が確認された。また、農地の権利移動・集積に関する業務では、男性と同等の働きがみられた。

このような効果を生む要因は、例えば性別により情報源・ネットワークが異なるため、女性の増加により多様な情報源・ネットワークを利用できるようになったことなどが想定される。また、データ分析からは、女性委員が増加した農業委員会では、研修会の回数の増加も確認され、このような勉強の場を通じて効果が出たことも考えられる。

女性委員登用推進の場では、女性が委員になった場合には、どのような効果があるか、疑問が投げかけられることもある。女性が農業委員になると、「期待＝プレッシャー」を感じることも多いだろう。そのような状況で、女性委員が、組織や地域としてやるべきことを真面目に求めてきたからこそ、勉強し、成果に結びつけてきた。

女性委員が複数いることが当たり前になった農業委員会も増えている。そろそろ女性に特別の「期待」をすることなく、単に地域のために必要な業務を、性別に関わらず各委員が前向きな気持ちで行えるようになったらどうだろうか。そのことが、女性委員の増加に改めてつながっていくだろう。

近年、農業委員会は、政府からよく「期待」されている。今年は地域計画の策定が各地で進められる。上から目線の「期待」なんて気にせず、各委員がワクワクして取り組んでいけば良いのでは？

全国農業図書ブックレット22
農業委員会における女性登用と女性の活躍

令和５年７月　発行　　　定価：本体770円(本体700円＋税10％)送料別

発行：一般社団法人　全国農業会議所
〒102−0084 東京都千代田区二番町9−8
(中央労働基準協会ビル２階)
電話　03−6910−1131
全国農業図書コード　R05−23